내 아이 자존감을 위한
엄마의 감정 공부

내 아이 자존감을 위한
엄마의 감정 공부

초판 인쇄 2018년 1월 10일
초판 발행 2018년 1월 19일

지은이   이지혜
펴낸곳   빛과향기
등록번호   제399-2015-000005호
전화   031)840-5964
팩스   031)842-5964
E-mail   songa7788@naver.com

ISBN 979-11-85584-47-8-13590

잘못된 책은 바꿔 드립니다.
책값은 뒤표지에 있습니다.

독자 여러분의 책에 관한 아이디어나 원고 투고를 설레는 마음으로 기다리고 있습니다.
이메일로 간단한 개요와 취지, 연락처를 보내주세요. 독자님과 함께 하겠습니다.

내 아이
자존감을 위한

엄마의
감정공부

이지혜 지음

다른
상상

서울대생, 꼴찌, 장애아를 키우며 얻은
소중한 깨달음

모든 아이는 다른 씨앗이다

사람은 누구나 다른 성품과 재능을 가지고 태어난다. 다른 성품과
재능을 가지고 태어난다는 건 서로 다른 종류의 씨앗이라는 뜻이다.
그런데도 우리는 모든 아이들에게 동일한 잣대를 들이밀며 동일한
교육 방법을 적용하려고 한다. 무릇 인간은 자신만의 독특함을 지니
고 있고, 그 독특함으로 인하여 '개인'으로 존재할 수 있다. 만일 인
간이 공장에서 천편일률적으로 생산된 공산품과 같다면 어떻게 자
신만의 개별성을 드러낼 것인가. 공산품의 특징은 동일한 규격과 동
일한 색상, 그리고 동일한 기능성이다.

우리는 '교육'이라는 이름으로
'규격화된 아이들'을
만들려고 애쓴다.

　우리는 왜 서로 다른 아이들을 하나의 틀 속에 넣으려고 애쓰는
걸까? 규격화된 아이들은 그렇지 않은 아이들보다 다루기가 쉽기
때문이다. 규격화된다는 건 그 틀이 정형화되어 있다는 뜻이다. 형
태가 고정되어 있으며 더 이상 변화가 없다는 의미다. 더 이상 변화
가 없을 때, 인간은 정신적·감정적으로 안정감을 느낀다. 돌발 상
황은 일어나지 않을 것이고 일어날 경우의 수는 예측 가능하다. 하
지만 변화의 가능성 없이 고정되어 있다는 것은 무생물의 특성이지
생물의 특성이 아니다. 인간은 무한한 변화와 성장의 잠재력을 지닌
생명체다. 그렇기에 그 변화의 가능성을 억압하면 안 된다. 변화를
허용하지 않는다는 건 성장을 허용하지 않는 것과 같다.

　농부는 씨앗을 뿌릴 때 씨앗의 종류에 따라 알맞은 땅을 고르고
적합한 시기를 선택하여 파종을 하고 돌본다. 농부는 결코 씨앗의
본성을 의심하지 않는다. 강낭콩 씨앗을 심어 두고 과연 이 씨앗이

다른 무엇이 아니라 강낭콩으로 잘 자라 줄지 걱정하지 않는다. 때가 되면 강낭콩 씨앗은 알아서 싹을 틔우고 강낭콩 열매를 맺을 것이다. 강낭콩 씨앗은 강낭콩으로 자라나는 방법을 가르쳐 주지 않아도 강낭콩으로 자랄 것이며, 완두콩 씨앗은 완두콩으로 자라나는 방법을 가르쳐 주지 않아도 완두콩으로 자랄 것이다. 하지만 농부가 매일 밤 씨앗의 본성을 의심하여 노심초사 불안해하고 땅을 파헤쳐서 확인한다면 결코 싹을 틔우지 못하고 열매를 보지 못할 것이다.

또한 농부는 결코 씨앗의 본성을 바꾸려는 어리석은 노력을 하지 않는다. 강낭콩 씨앗에게 완두콩으로 자라날 수 있는 방법을 아무리 가르쳐도 완두콩이 될 수 없듯이, 완두콩 씨앗에게 강낭콩으로 자라날 수 있는 방법을 아무리 가르쳐도 강낭콩이 될 수 없다. 왜냐하면 강낭콩 씨앗 안에는 강낭콩으로 자라날 프로그램이 이미 내장되어 있고, 완두콩 씨앗 안에는 완두콩으로 자라날 프로그램이 이미 내장되어 있기 때문이다. 그러므로 농부는 강낭콩 씨앗에게 완두콩으로 자라나는 방법을 애써 가르치려 노력하지 않는다. 어떤 씨앗도 자신의 타고난 본성을 거스를 수 없음을 이미 알고 있기 때문이다.

한편 농부는 자연의 섭리를 거슬러 서두르지 않는다. 모든 피어

남에는 알맞은 때가 있다. 봄에 피는 꽃도 있고 겨울에 피는 꽃도 있다. 겨울에 피는 꽃을 봄에 피우기 위해 조바심 내며 재촉하지 않는다. 그저 씨앗의 본성에 적합한 방법으로 정성을 다해 돌볼 뿐이다.

아이를 키우는 부모의 마음 역시 농부의 마음과 같아야 한다.

첫째, 아이의 본성을 의심하지 말아야 한다. 모든 생명은 태어난 순간에 이미 자신의 정체성을 유전자 속에 담고 있다. 놀고 배우고 익히며 성장해 가는 과정 속에서 자연스럽게 자신 안에 내재되어 있는 자신의 정체성을 찾아 나간다. 부모와 사회가 그 과정을 의심하지 않고 방해하지 않는다면 아이는 더 쉽게 자신의 본성이 이끄는 길을 찾아갈 것이다.

둘째, 아이의 본성을 바꾸려는 어리석은 노력을 하지 말아야 한다. 모든 씨앗은 그 안에 무엇이 되고자 하는 스스로의 열망을 품고 태어난다. 또한 자신의 열망을 성취할 청사진 역시 이미 씨앗 속에 내재해 있다. 아이에게 부모가 이루지 못했던 부모의 청사진을 아무리 주입시켜도 아이는 받아들일 수 없다. 아이는 아이만의 청사진을 갖고 태어난 하나의 씨앗이기 때문이다. 부모의 청사진을 아이에게 강요한다면 결국 부모도 아이도 피어나지 못한 씨앗으로 존재하게 될 것이다. 모든 아이는 타인의 꿈을 성취하기 위해 이 세상에 온 것이 아니라 오직 자신의 꿈을 성취하기 위해 이 세상에 왔다. 그 길을 방해하지 말아야 한다.

셋째, 아이의 성장을 과도하게 서두르지 말아야 한다. 여러 생명체 중에서도 인간은 양육되고 성장하는 데 아주 오랜 기간이 걸리는 존재다. 또 씨앗에 따라 싹 틔움의 속도가 다르고 꽃 피움의 계절이 다르듯이 아이에 따라 배움과 성장의 속도가 다르다. 아이 본연의 속도를 무시하고 재촉한다면 열매를 맺기도 전에 망가질 것이다.

많은 부모들이 누구보다 좋은 부모가 되기 위해 노력한다. 더 많이 사랑하고 더 넓게 이해하고 더 깊이 공감하며 키우고자 노력한다. 그럼에도 불구하고 부모로서 많은 시행착오를 겪는 이유는 무엇일까? 아이가 커 갈수록 더 다루기 힘겹게 느껴지는 이유는 무엇일까? 바로 내 아이가 어떤 씨앗인지 정확히 알지 못한 채 키우기 때문이다. 대개의 부모들이 내 아이가 어떤 씨앗인지 잘 살펴보는 단계를 간과한다. 그냥 남들 뿌릴 때 따라서 뿌리고 남들이 좋다는 영양제는 무턱대고 들이붓는다. 모든 씨앗이 같은 종류의 씨앗일 거라

착각하는 것이다. 그래서 어떤 아이들은 자신이 필요로 하는 것보다 부족해서 울고, 어떤 아이들은 넘쳐서 운다. 이 부족함과 넘침 사이에서 부모도 아이도 상처받고 힘들어한다.

농부는 씨앗을 뿌리기 전에 씨앗의 종류를 먼저 파악한다. 씨앗의 종류를 알아야 알맞은 파종 시기를 택하고 알맞은 방법으로 돌볼 수 있다. 부모 또한 내 아이가 어떤 씨앗인지 파악하는 일이 먼저다. 그런데 이것이 말처럼 쉽지만은 않다. 능숙한 농부는 씨앗을 보는 즉시 씨앗의 종류를 알아챌 수 있지만, 서투른 농부는 아무리 이리저리 살펴봐도 씨앗의 종류를 알기 힘들다. 부모 역시 서투른 농부와 같다. 아이를 보는 즉시 아이가 가진 잠재적 씨앗이 어떤 종류인지 알아볼 수 있으면 좋겠지만 쉽지 않다.

어찌해야 할까? 서두르지 말고 느긋하되 세심하게 관찰하며 양육하면 된다. 봄에 뿌려야 할 씨앗인지 여름에 뿌려야 할 씨앗인지를 구분할 수 있는 안목이 있으면 좋겠지만 그렇지 못할 땐 더 세심한 눈길로 살펴보며 어떤 씨앗인지를 알아 가면 된다. 화초도 좀 더 까다로운 종류가 있고 그렇지 않은 종류가 있다. 더 자주 물을 주고 햇볕을 쬐야 하는 화초도 있고, 그 반대의 화초도 있다. 그러니 적당한 간격으로 물을 주고 햇볕을 보이면서 주의를 기울여 관찰하면 된다. 어떤 간격으로 물을 주고 햇볕을 쪼일 때 화초가 가장 싱싱하게 자라는지를 먼저 파악해 보자.

아이들을 살펴보면 좀 더 애정 표현을 적극적으로 많이 해야 하는 아이가 있고 그렇지 않은 아이가 있다. 애정 표현이 많이 필요한 아이에게 적절한 애정을 주지 않으면 아이는 무관심으로 받아들이고 충족되지 못한 느낌을 받는다. 반대 성향의 아이에게 관심과 애정이 지나치면 아이는 간섭과 통제로 받아들이고 자유를 구속받는다고 느낀다. 좀 더 섬세한 감정선을 가진 아이가 있고, 좀 더 투박한 감정선을 가진 아이도 있다. 혼자서 하는 독립적인 일에 재능을 더 보이는 아이가 있는가 하면 함께하는 협력적인 일에 재능을 더 보이는 아이가 있다.

아이들을 가만히 들여다보며 아이 내면의 재잘거림에 귀 기울여 보자. 아이 존재의 의미를 고요히 느껴 보고 통찰해 보자. 부모의 바람이나 욕망을 투사하지 말고 그냥 오롯이 아이의 존재를 느껴 보자. 좀 오랜 시간 지켜봐야 하는 아이도 있다. 서두르지 않아도 된다. 욕심 부리지 않아도 된다. 조급해 하지 않아도 된다. 그냥 아이의 성장과 함께 자연스럽게 흘러가다 보면 알아차릴 수 있는 때가 온다. 모든 씨앗은 때가 되면 저절로 자신의 존재를 드러낸다. 재촉하지 않아도 자신만의 색깔과 자신만의 향기를 드러내는 순간이 온다. 부모의 욕심과 조급함을 내려놓고 마음을 고요히 하고 들여다보자. 어느 순간 '아…. 이 아이는 이러한 삶을 살고 싶어 태어났구나.' 하는 어떤 앎과 깨달음이 올 것이다. '아…. 그래서 저 아이가 그렇게 행동했구나.' 하고 아이의 사고와 행동을 꿰뚫어 볼 수 있는 통찰력이 생길 것이다.

아이가 어떻게 살고 싶어 하는지 알게 되면 부모의 마음에 여유가 생긴다. 조급함과 불안함을 내려놓고 아이 삶의 흐름을 더 이상 방해하지 않게 된다. 사실 부모가 아이에게 해 줘야 할 것은 그리 많지 않다. 아이가 태어날 때부터 가지고 온 삶의 목적을 방해하지 않고 허용하는 것뿐이다. 아이가 삶 속에서 무엇을 실현하고 싶어 하는지 존재의 목적을 이해하게 되면 서두르지 않고 아이의 속도에 맞춰 흘러갈 수 있다. 인간은 누구나 유일무이한 개별성을 품은 씨앗으로 태어난다. 또한 그 씨앗만이 가진 독특함을 꽃 피우고 자신만의 목적을 성취하기 위해 이 세상에 온다. 모든 씨앗은 자신만의 독특한 개성을 품고 있다. 어떤 씨앗도 다른 씨앗이 될 수 없다. 모든 아이는 다른 씨앗이다.

서로 다른 세 아이와 행복한 육아

당신의 자녀는 당신의 자녀가 아닙니다.
자신을 유지하는 것,
그것이 생명의 소망입니다.
당신을 통해서 왔으나 당신에게서 온 것이 아니고,
당신과 함께 있으나 그렇다고 당신의 것은 아닙니다.

자녀에게 사랑을 주십시오.
그러나 생각은 줄 수가 없습니다.
자녀에게는 자녀의 생각이 있기 때문입니다.
당신의 집에 자녀의 육신을 살게 할 수는 있습니다.
그러나 그 영혼을 살게 할 수는 없습니다.

자녀의 영혼은 내일의 집에 살고 있고,
당신은 꿈에도 거기에 들어갈 수가 없습니다.

자녀와 같이 되려고 힘쓰십시오.
그러나 자녀를 당신처럼 만들려고 해서는 안 됩니다.
생명은 뒤로 되돌아가지도 않고
어제와 함께 머물러 있지도 않기 때문입니다.

— 칼릴 지브란, 「아이들에 대하여」 중에서

　아이들을 키우면서 어릴 적 읽었던 칼릴 지브란의 「아이들에 대하여」가 종종 떠올랐다. 어느 순간 자연스럽게 생각나서 책을 다시금 펼치곤 했다. 아이들에 대한 내 생각이 잘 표현되어 있기 때문인 듯싶다. 때로는 아이들에게 부질없는 욕심을 부릴 때 부드럽게 내 마음을 다잡아 주는 글이기도 했다. 한 구절 한 구절 새롭게 음미할 때마다 감미로운 느낌이 내 가슴에 맴돈다. 행간에 녹아 있는 깊은 의미가 다시금 새록새록 스며든다. 얼마나 아름다운 글인가. 또 얼마나 사랑스러운 아이들인가.

　내게 온 세 아이들은 그 하나하나가 너무나 독특하고 아름답다. 내가 이 아이들을 위해 할 일은 오직 한 가지다. 아이들이 태어날 때부터 지니고 온 완전함과 아름다움을 훼손하지 않는 것. 아이들이 이 세상에 올 때 가지고 온 삶의 목적을 방해하지 않는 것. 아이들이 있는 그대로의 자신으로 존재할 수 있도록 허용하는 것. 아이들을 떠올릴 때마다 시 구절에 담긴 메시지를 되새겼다. 물론 나 역시 아이들에게 내 욕심을 투영하기도 하고 경쟁의 대열에 합류해 닦달하기도 했다. 하지만 그 모든 욕심과 경쟁의 밑바닥에 깔려 있는 기본적인 생각들이 어느 순간 중심을 잡아 주었다. 욕심과 경쟁의 경계들을 무심코 넘나들다 어느 한순간 무심(無心)이라는 기준점에 나를 세운다. 마치 바람결에 부드럽게 흔들리는 듯싶다가도 바닥에 단단하게 뿌리를 내린 갈대처럼.

　둘째가 중학생 때의 일이다. 졸업 때까지 단 한 번도 성적표를 보여 주지 않던 아이가 어느 날 갑자기 나에게 묻는다.

　"엄마, 내 수학 성적이 몇 점인지 알아?"

"몰라. 네가 한 번도 성적표 안 보여 줬잖아. 몇 점인데?"

"10점이 안 돼."

순간 나는 '빵' 터져서 한참을 신나게 웃었다. 내 웃음소리에 겸연쩍어하며 아이가 묻는다.

"왜 웃어?"

"응. 너무 신기해서. 어떻게 하면 10점도 안 나오지? 그냥 같은 번호로 다 써도 10점은 나오지 않아? 괜히 고민하지 말고 그냥 한 번호로 쓰지 그랬어."

"한 번호로 다 썼단 말이야. 그런데도 안 돼."

"그래? 너 1번 썼구나. 3번이나 4번으로 통일하지. 그 답이 제일 많은데…."

"그렇게 했단 말이야. 나도 그렇게 생각해서 전부 3번으로 찍었는데도 10점이 안 나왔어."

"그래? 정말 신기하네. 하하."

누가 옆에서 우리의 대화를 들었다면 엄마와 아들이 '모전자전'이라고 했을 것 같다. 거기에 한 술 더 떠 마침 옆에 앉아서 이야기를 듣던 막내가 좋아하며 말한다.

"어? 그럼 형아 성적이랑 내 성적이랑 비슷하네. 나는 수학 4점 인데….

아마 묘한 동질감에 괜스레 기분이 좋아진 듯 얼굴 가득 웃음이 번진다. 입 꼬리가 올라가고 표정까지 환해진다. 그러면서 자기네들 끼리 합의를 한다.

"어. 근데 너 큰형한테 내 성적 절대 이야기하면 안 돼. 알았지?"

"응. 형도 큰형한테 내 성적 이야기하면 안 돼. 비밀이야." 옆에서 보고 있던 나는 어이가 없다. 도토리 키 재기 같은 어이없는 성적을 가지고 뭐 굉장한 비밀이라고 저리 심각하게 약속까지 할까. 듣고 있자니 시트콤 수준이다. 나중에 이 이야기를 전해들은 대학생인 첫 째의 반응도 재미있다. 정말 이해가 안 된다는 표정으로 고개를 갸 웃거리며 한마디 한다.

"음… 그게… 가능해? 어떻게 가능하지? 그냥 아무렇게나 찍어 도 그 점수 받기는 정말 어려운데…"

상위 1%의 수능 성적으로 많은 사람들이 선망하는 서울대에 장 학생으로 입학한 큰아이는 수학 성적 10점 이하의 동생들이 정말 신기할 따름이다. 마찬가지로 수학 성적 10점 이하의 동생들은 수능 수학 만점을 받은 큰형을 도저히 이해할 수 없다. 서로가 도무지 이해하기 힘든 외계인이다.

이렇듯 우리 집에는 정말 다양한 특성을 지닌 세 아이가 함께 산다. 학교 성적으로만 말한다면 상위 1%의 아이와 하위 1%의 아이가 공존한다. 거기에 평가하기조차 힘든 장애 아이까지 있어 완벽한 삼각형의 트라이앵글 구조다. 그 독특함과 다름이 누군가에게는 불균형으로 비춰질 수도 있다. 하지만 나에겐 그 다름이 더 완전하게 느껴진다. 각기 다른 정점을 가진 삼각형이 완벽하게 균형을 잡고 있지 않은가. 나는 이 묘한 균형과 공존이 즐겁고 흐뭇하다.

나를 통해 이 세상에 왔지만 나의 소유물이 아니며 제각기 다른 색깔을 지닌 세 아이들은 나를 성장시키는 스승이다. 아이와 함께 부모도 자란다고 했던가. 때론 나보다 더 현명하고 어른스러운 생각으로 날 가르친다. 또 어느 날은 끝없는 요구로 날 지치게 한다. 때론 육아의 한계를 체험하게끔 한다. 그러다가 어느 날은 천진난만함으로 나를 다시금 일깨운다. 유아기와 아동기, 청소년기를 거치면서 아이들과 함께한 좌충우돌의 경험은 종종 나를 쓰러질 듯 힘들게 했다. 그렇지만 돌아보니 그 모든 경험들은 그 무엇과도 바꿀 수 없는 반짝이는 행복이었다.

때론 어두운 하늘에서 쏟아지는 소나기처럼 펑펑 울고 싶었고, 때론 폭풍우 치는 날 천둥소리처럼 크게 소리 지르고 싶었다. 이제 그 좌충우돌의 시간들을 떠나보내고 햇살 화사한 봄볕에서 벚꽃처럼 흩날리는 아이들의 고운 웃음을 본다. 얼마나 어여쁜가. 얼마나 천진난만하고 해맑은가. 겨울날 처마 끝에 매달린 고드름 같은 아이들의 반짝임과 투명함이 나는 참 좋다.

우등생, 꼴찌, 시각장애아가 함께 사는 집

우리 집에는 서로 다른 기질과 성격, 개성을 가진 세 아이가 산다. 논리적인 첫째, 고집스런 둘째, 시각장애 셋째…. 어느 한 아이도 키우기가 녹록치 않았다.

첫째는 안정된 정서와 따뜻한 품성을 지녔다. 내면이 단단해 다른 사람의 시선이나 평가에 휘둘리지 않으며 자신이 원하는 길을 간다. 침착하고 논리정연하다. 실랑이가 벌어졌을 때 어설픈 논리로 맞서거나 어른이라는 이유로 섣부른 요구나 강요를 하는 것은 통하지 않는다. 작은 체구지만 함부로 대하기 힘든 나름의 아우라가 있다. 아무 말 하지 않아도 두 동생들은 큰형을 어려워했다. 아무것도 보이지 않는 막내조차 어렸을 때 식사 때면 이렇게 말했다.

"아빠, 밥 먹어. 큰형, 진지 잡수세요."

그 말에 우리 가족은 너무나 어이없어하며 웃곤 했다. 큰아이를 아는 지인들은 종종 이렇게 말한다.

"왠지 그 아이 앞에 서면 함부로 하면 안 될 것 같은 느낌이 들어. 왜 그런지 모르겠어."

나 역시 내 아이지만 쉽게 대하기 힘들었다. 내면이 단단해서인가 차분한 성격 때문인가 공부를 열심히 해 줄곧 우등생으로 학창 시절을 보냈다.

둘째는 타인의 시선을 많이 의식하는 편이다. 타인의 시선을 의식한다는 것은 타인의 판단이나 평가에 영향을 받는다는 말이다. 당연히 감정적으로도 큰 영향을 받는다. 인간은 자신의 의지와 선택에 따라 독립적인 견해와 감정을 유지할 수 있을 때 내면이 더 평화롭다. 타인의 말과 행동에 휘둘리게 되면 자신의 견해를 유지하기 힘들다. 때로는 타인의 요구와 자기 내면의 요구 사이에서 마음의 갈등이 깊어지기도 한다. 양가감정에 휩싸여 자신이 가고자 하는 길이 있어도 올곧게 나아갈 내면의 힘이 약해진다. 타인의 시선을 많이 의식하는 둘째는 수시로 양가감정에 휩싸인다. 모순된 감정들로 망설임이 길어지고 선택과 결정에 시간이 오래 걸린다. 고집도 센 편이고 순간적으로 욱하는 기질도 매우 강하다. 때로는 스스로 제어가 안 되어 감정이 폭발할 때도 있다. 그러나 평소에는 웃음이 많고 엉뚱한 말과 행동으로 즐거움을 안겨 준다. 공부에는 흥미가 없어 뒤에서 일등 하는 아이다.

셋째는 시각장애를 가지고 있다. 태어난 지 얼마 안 되었을 때 이 사실을 알고 하늘이 무너지는 듯했다. 눈으로 보고 배우는 것이 90퍼센트인 세상에서 시력을 잃는다는 것은 전부를 잃는 거나 다름없다. 일상생활의 불편은 말할 것도 없고 여러 면에서 어려움이 생긴다. 학습을 한다고 해서 해결될 일이 아니다. 모든 면에서 배움이 늦고 사고 과정이 미숙하다. 중학교 3학년의 몸에 초등학교 3학년의 어린아이가 사는 것 같다. 인간은 상대의 표정과 몸짓을 보며 상대의 말 속에 담긴 뜻을 해석한다. 하지만 상대의 표정과 몸짓을 볼 수 없는 막내는 모든 말을 가감 없이 액면 그대로 받아들인다. 상대의 표정이 보이지 않으니 분위기 파악도 잘되지 않는다. 농담과 진담을 구분하기 어려워 상황에 맞지 않는 대응을 할 때도 많다. 그 모든 상황들을 아이가 이해할 수 있도록 세심하게 설명해 주는 것은 쉽지 않은 일이다.

또한 설명만으로 해결되지 않는 부분도 있다. '하늘'에 대해 수십 가지 설명을 덧붙여도 아이가 이해하는 하늘과 실제의 하늘은 같을 수가 없다. '무지개'에 대해 수만 번을 설명해도 아이가 상상하는 무지개와 실제의 무지개는 완전히 다르다. 그럼에도 불구하고 이 모든 것들을 설명하고 또 설명하는 과정 속에서 엄마는 녹초가 된다. 무엇보다 수많은 안전사고와 위험에 항상 노출되어 있어 한시도 안심할 수 없다. 아무것도 할 수 없는 아이에게 피아노를 가르치려 피아노학원을 방문한 날, 열 군데도 넘는 학원에서 거절당한 적이 있다.

"악보도 못 보고, 건반도 못 보는 애를 어떻게 가르쳐요. 못해요."

결국 우유를 주문하면 사은품으로 주는 키보드를 앞에 놓고, 악보만 겨우 읽을 줄 아는 내가 간신히 바이엘을 가르쳤다. 어설픈 실력의 엄마에게 잘못된 손 모양으로 피아노를 익힌 아이는 나중에 손 모양을 고치느라 다시 5년이 넘는 시간을 투자해야 했다. 지금은 그런 노력 끝에 예고에 합격해 피아니스트의 꿈을 키우고 있다.

장애 아이에게 배움과 익힘은 자신이 살아갈 세계를 확장시켜 나가는 의미를 갖는다. 배우고 익히지 않고는 그 세계로 나아갈 수 없다. 아이의 한 걸음 한 걸음은 그 자체로 삶과 동의어다.

이러한 모든 상황 속에서 아이가 안전하고 바르게 성장하기 위해서는 엄마의 끊임없는 노력이 필요하다. 육체적, 정신적 한계를 뛰어넘는 엄청난 수고와 에너지를 쏟아부어야 한다.

셋 다 뚜렷한 개성과 자신만의 세계가 있다. 아이들을 키우는 일은 나의 세계와 아이들의 세계를 조화롭게 통합하는 과정이었다. 처음에는 각각의 세계가 충돌하면서 누군가는 아파하고 울었다. 서로가 상처받고 힘겨워하는 과정 속에서 깊은 깨달음이 생겼다. 무엇보다도 아이의 '감정을 존중하는 육아와 훈육'이 필요하다는 것이었다.

감정을 존중하지 않는 육아와 훈육은
아이의 마음을 다치게 한다.
마음을 다치는 일이 반복되면
아이와 부모 사이의 관계가 망가진다.
부모와의 관계가 손상된 아이는
세상을 살아갈 힘의 구심점이 약해진다.
또한 마음을 다치면 에너지가 분산된다.
에너지가 분산되면 아이도 부모도
자신이 하고자 하는 일에 집중하기 힘들다.

많은 부모들이 연습 없이, 준비 없이 부모가 된다. 그래서 많은 부분 서툴고 다양한 시행착오를 거친다. 하지만 그 모든 서투름 속에서도 아이의 감정을 존중하고자 하는 마음만 잃지 않는다면 좋은 부모가 될 수 있다. 주변을 유심히 살펴보면 성인이 되어 부모와의 관계가 좋은 사람이 있는가 하면 그렇지 않은 사람도 있다. 부모와의 감정선이 따뜻하게 형성된 경우도 있고, 무심하거나 차갑게 형성된 경우도 있다. 이것은 부모의 학력이나 빈부의 차이에서 비롯되지 않는다. 부모의 학력이 높다고 해서 아이와의 감정선이 더 따뜻하게 형성되는 것도 아니고, 재산이 많다고 하여 더 따뜻한 감정선을 형성하는 것도 아니다. 지금보다 먹고 살기 훨씬 어려웠던 시절, 배운 것 없고 가난했던 부모들도 얼마든지 아이와 따뜻한 감정선을 연결하며 살았다. 하지만 더 많이 배우고, 더 풍족하게 소유한 부모들이 많은 요즈음 오히려 단절된 감정선을 가진 부모와 자녀가 많다.

그 근원을 들여다보면 답은 '감정 존중 육아'에 있다. 유아기, 아동기, 청소년기를 거치면서 부모로부터 얼마나 감정을 존중받으며 성장했는지가 그 차이를 결정한다. 육아의 핵심은 아이의 '감정 존중'이다. 이 깨달음은 나 자신의 감정을 조절하고자 하는 노력으로 이어졌다. 나의 감정을 조절하지 못하면 아이의 감정을 존중할 수 있는 마음의 힘을 유지할 수 없기 때문이다. 그러기 위해서는 감정이 어떻게 생겨나고 어떻게 흘러가는지를 탐색해야 했다. 감정의 근원을 바닥까지 파헤치고 공부해야 했다. 이러한 공부는 나를 감정 코칭 전문가의 길로 이끌었고 오늘의 나를 있게 해 주었다.

1장

아이의 감정을 존중하면 자존감이 높아진다

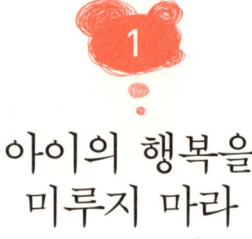

아이의 행복을
미루지 마라

큰아이가 어렸을 때 일이다. 여섯 살 무렵이었으니 운동이나 악기 하나쯤 배울 나이였다. 큰아이는 여러 악기 중에서 유독 바이올린에 관심을 보였다. 동네 학원에 문의를 했더니 일단 피아노부터 배우는 것이 좋다는 답을 들었다. 악기의 기본인 피아노부터 배우면서 악보를 잘 볼 줄 알아야 바이올린도 잘 다룰 수 있다는 원장의 말은 타당하게 들렸다. 그래서 큰아이는 관심도 없고 흥미도 없는 피아노를 배우게 되었다. 악기는 단기간에 익히기 어렵다. 스스로 웬만큼 즐길 수 있는 수준이 되려면 오랜 기간 연

습과 노력이 필요하다는 사실을 몇 년의 시간이 흐른 후에야 알
았다.

아이가 자람에 따라 가르칠 것들이 점점 늘어났다. 넉넉한 형
편도 아니어서 피아노를 꾸준히 배우게 하는 것도 힘들었다. 결국
피아노를 배우다 쉬고 배우다 쉬고를 반복하다가 영영 그만두게
되었다. 아이가 정작 흥미를 가지고 배우고 싶어 했던 건 바이올
린이었는데 바이올린을 배우기 위해서 내키지도 않는 피아노를
억지로 배웠으니 아이도 피아노에 애정이 있을 리 만무하다. 정작
바이올린은 활 한 번 잡아보지 못하고 자연스레 포기하게 되었다.

많은 시간이 흐른 후에야 깨달았다. 아이가 흥미를 보인 바이
올린부터 배우게 하는 것이 옳았다는 사실을. 음악을 전공할 것도
아닌데 피아노부터 차근차근 익혀 그다음에 바이올린을 배우는
단계가 왜 필요했을까? 아주 쉬운 동요라도 그저 아이가 즐길 수
있는 바이올린 연주였으면 더 좋지 않았을까? 그때 아이가 원하
는 바이올린을 배우게 했다면 더 행복하게 배움의 기쁨을 누리지
않았을까 생각해 본다.

부모는 내 아이가 건강하길 바란다. 건강하면 행복하리라고
여기기 때문이다. 또 성공해서 풍요롭게 살기를 원한다. 성공하
고 풍요로워야 행복할 수 있다고 생각하기 때문이다. 결국 우리

삶의 최종 목표는 행복이다. 행복을 위해 오늘도 내일도 우리는 고군분투하며 살고 있다. 이렇게 애쓰는데 지금 당신은 행복한 가? 당신의 아이는 행복한가? 혹시 미래의 행복을 위해 오늘의 행복을 미루고 있지는 않은가?

오늘 행복한 아이가 내일도 행복하다

사실 '행복감'은 인간이 느끼는 하나의 '감정'이다. 감정은 지금 바로 내가 선택할 수 있는 느낌이다. 그런데 왜 우리는 그 감정을 느끼기 위해 멀고 먼 길을 돌아가야 한다고 생각하는 걸까? 오랜 기간 여러 문화 속에서 그렇게 교육 받아 왔기 때문이다. 성인이 되기 전까지 우리나라 아이들이 가장 많이 듣는 말이 공부하라는 말이다.

"지금은 공부를 해라. 좋은 대학에 가면 맘껏 놀 수 있단다. 그러니 10년만 참아라. 3년만 참아라. 1년만 참아라. 좋은 대학에 가면 좋은 회사에 취직해서 돈을 많이 벌 수 있을 거야. 그러면 행복하게 살 수 있어."

정말 그럴까?

좋은 대학에 가면 좋은 회사에 들어갈 수 있고

경제적 풍요와 자유를 성취할 수 있는 것일까?

그때가 되면 행복할 수 있을까?

대학을 졸업한 청년 실업자가 사회 문제가 된 지 오래다. 과연 무엇으로 미래의 행복을 보장할 수 있을까?

몇 해 전 한 초등학생의 일기를 발췌한 글을 본 적이 있다. 정확한 내용과 출처는 기억나지 않지만 대략 내용은 이랬다.

"나는 국제중, 국제고를 가고, 로스쿨을 가고, 대통령이 될 거예요. 그 모든 걸 다한 다음에 내가 정말 좋아하는 미용사가 될 거예요."

이 글을 보면서 정말 슬펐다. 아이의 꿈은 미용사가 되는 것인데 자신을 행복하게 해 줄 미용사가 되기 위해서 왜 국제중 국제고를 졸업하고 로스쿨을 거쳐서 대통령이 된 후에 원하는 길을 갈 수 있는 걸까? 무엇을 위해 곧장 보이는 지름길을 두고 그 머나먼 길을 돌고 돌아 자신이 가고자 하는 목적지에 도달해야 하는 걸까? 부모로부터 학교로부터 사회로부터 그렇게 해야 행복하다고 무수히 오랜 시간 세뇌되어 왔을 것이다.

이제 우리가 속한 문화와 교육이 범해 온 오류를 점검해 봐야 할 때다. 취학 전의 어린아이들, 유년기의 아이들조차 성공을 위한 마라톤 대열에 합류해 있는 것이 오늘날 교육의 현주소다. 이 아이들에게는 하루 24시간이 부족하다. 너무 많은 배움 속에서 길을 잃은 아이들은 유년의 동심과 놀이를 빼앗겨 슬프고 아프다. 또 경제적 빈곤이나 부모의 무관심으로 이 대열에 합류하지 못한 아이들은 상대적 박탈감에 슬프고 아프다. 어느 쪽 아이도 행복하지 못하고, 어느 쪽 부모도 행복하지 못하긴 마찬가지다. 그 슬픔과 아픔의 감정을 표현하고 이해받고 싶은데 아직 표현이 미숙한 어린아이들에게는 어려운 일이다.

부모가 변해야 한다. 아이가 행복하길 원한다면 부모가 달라져야 한다. 좀 더 구체적으로 육하 원칙에 대입하여 살펴보자.

누가 - 부모가

언제 - 지금 바로

어디에서 - 가정에서

왜 - 자녀의 행복을 위해서

무엇을 - 교육을

어떻게 - 성공 지향적 교육이 아닌 감정 존중 교육으로 바꾸어야 한다.

부모도 아이도 행복하지 못한 현재의 교육이 달라져야 하고 교육의 변화를 위해 부모의 생각이 더 깊어져야 한다. 우리의 삶이 변하지 않는 이유는 생각을 바꾸지 않기 때문이다. 생각은 감정을 불러일으키고 행동을 야기한다. 많은 사람들이 어제와 같은 삶을 되풀이하는 이유는 어제와 같은 생각으로 살기 때문이다. 삶이 달라지길 바란다면 먼저 생각을 바꾸어야 한다. 모든 생각은 에너지이고 생각 에너지를 통해 모든 물질과 사건과 상황이 창조된다.

개개인의 인식 변화보다 사회가, 문화가 먼저 바뀌어야 한다고 주장할 수도 있다. 하지만 사회는 개인과 개인의 총합으로 이루어져 있다. 사회가 바뀌길 바란다면 내가 먼저 변해야 하는 이유다. 사회와 문화를 변화시키고 이끌어 가는 건 사람이다. 내가 바로 변화의 주체다. 그렇게 내가 변하고 내 가족이 변할 때 그 한 걸음 한 걸음이 모여 사회가 변하고 내가 속한 문화가 변한다. 누구도 방관자가 되어서는 곤란하다. 모든 변화와 성장, 발전은 나로부터 비롯되므로.

왜 아이들의 행복을 나중으로 미루려고 하는가. 지금 이 순간 행복이라는 감정을 선택하고 느끼면 안 되는 걸까. 부모의 생각이 달라져야 아이가 느끼는 행복감이 달라질 수 있다. 오늘 행복한 아이가 내일도 행복하다.

마음 교육에도
골든타임이 있다

아이에 대한 훈육에는 적기가 있다. 물론 나중에 커서도 가능하
지만 시기를 놓치면 열 배 이상의 노력과 시간이 든다. 아이에게
훈육이 가장 효과적인 나이는 열 살 이하다. 유아기 때는 올바른
식습관과 배변하기, 잠자기를 가르친다. 그런 다음 혼자서도 잘
씻고 입기를 익힐 수 있도록 충분한 시간과 기회를 준다. 좀 더
자라면 말하기, 놀기, 사귀기, 배우기, 익히기, 지키기 등을 올바
르게 가르친다. 아이들은 시간을 충분히 넉넉하게 주어 가르치면
이 모든 것들을 놀이처럼 편안하고 재미있게 익혀 나간다.

정작 이 모든 과정 속에서 가장 중요하게 다루어져야 하는 것은 기능적인 면이 아니라 아이의 마음이다. 기능적인 것은 다소 빠르고 느린 차이가 있겠지만 지나고 나면 그 차이가 크게 의미 없다. 괜히 다른 아이보다 빨리 익히겠다는 일념으로 아이의 마음을 다치게 한다면 돌이키기 힘든 상처로 남을 수 있다. 마음의 상처는 아이의 정서에 흔적을 남기고 그 흔적은 오랫동안 남아 아이의 여러 가지 행동에 영향을 미친다. 아이도 부모도 행복한 삶을 살고 싶다면 무엇보다도 성장기 아이들의 마음 교육에 신경을 써야 한다. 아이의 마음이 사랑의 결핍을 느끼지 않도록 하는 것이 중요하다. 아울러 아이의 감정을 존중하는 마음과 태도가 필요하다. 아이의 감정을 존중하지 않는다면 당장은 그 피해가 드러나지 않더라도 언젠가는 표출되게 마련이다. 그때가 되면 아이와 부모 모두 힘들어진다.

존중받지 못한 여린 감정이 불러온 결과

둘째가 태어났을 때, 나는 아이를 내 손으로 직접 키우고 싶었다. 하지만 나의 간절한 소망에도 불구하고 직접 데리고 키울 상황이 못 되었다. 어쩔 수 없이 경상도에 살고 계시던 시어머님께 태어난 지 한 달도 안 된 신생아를 맡겨야 했다. 그때부터 두 돌이 될 때까지 시골에서 할아버지 할머니 손에서 자랐다. 자주 내려가 보고 싶었지만 그조차 여의치가 않았다. 백일 날 한 번, 돌 날 한 번, 딱 두 번을 만나고 어느새 아이는 두 돌을 맞았다. 아이는 유아기 때 마땅히 받아야 할 부모의 사랑을 받지 못하며 자랐다. 나는 엄마로서 마땅히 아이에게 줘야 할 사랑을 제대로 주지 못했다. 지금까지도 둘째를 볼 때마다 안쓰러움과 미안함으로 가슴속에 남아 있다. 나는 지나온 삶에 후회를 잘하지 않는 편이다. 아무리 힘든 길이었을지라도 내가 선택한 일이기에 고통은 있어도 후회는 없다. 그러나 유일하게 후회하는 한 가지가 둘째의 육아에 대한 부분이다.

육아에는 때가 있다. 아이의 마음 교육에도 골든타임이 있다. 그 시기에 받아야 할 사랑을 제대로 받지 못하고 자란 아이는 결핍이 생긴다. 그 결핍은 아주 오랫동안 다양한 형태로 나타나서 자신을 힘들게 하고, 부모를 힘들게 한다. 부모가 힘든 건 감당할 수 있다. 부모로서의 역할을 온전히 하지 못했으니 당연히 감당해야만 하고 책임을 져야 할 것이다. 하지만 그로 인해 아이가 힘들어하는 건 참 안쓰럽고 안타깝다. 어떻게든 도와주고 싶지만 그마저도 아이가 마음의 문을 열어야만 가능한 일이다. 아이가 마음을 열기까지 부모의 노력과 기다림이 필요하다.

둘째가 두 돌이 될 무렵 시어머니가 갑작스레 돌아가셨다. 아이는 마치 축구공을 건네받듯 아무런 준비도 없이 내게로 돌아왔다. 아이도 나도 마음의 준비를 할 시간이 없었다. 아이 입장에서는 어느 날 갑자기 자신을 양육하던 할머니가 인사도 없이 홀연히 사라진 거나 다름없으니 많이 당황하고 놀랐을 것이다. 거기에다 갑작스런 죽음으로 집안의 침통한 분위기와 눈물이 아이에게도 전해졌을 것이다.

우는 아이를 겨우 달래 집으로 데려온 첫날 난생처음 타 보는 엘리베이터 문이 닫히자 아이가 겁에 질려 자지러지게 울었다. 8층까지 올라오는 그 짧은 순간에 아이는 비명을 지르듯 울어댔다. 돌이켜 생각해 보면 아이가 낯선 환경에 놀라지 않게 조금씩 적응을 시켰으면 좋았을 텐데, 안타까운 기억이다. 하지만 당시엔 생각조차 하지 못했다. 내 품에는 생후 6개월 된 시각장애 동생이 안겨 있었고, 남편의 손에는 아이들 옷 가방이며 기저귀 가방, 분유 가방이 주렁주렁 매달려 있었다. 한쪽에는 이제 막 여덟 살이 된 큰아이가 작은 짐 가방을 들고 따라오고 있었다. 제 발로 걷는 둘째까지 안아 줄 여력은 없었다. 그때는 몰랐다. 이제 갓 두 돌이 된 아이도 사실 아기나 다름없이 여리고 작다는 것을. 더구나 거의 처음 만나다시피 한 낯선 가족을 따라 캄캄한 밤에 낯선 곳에 왔으니 얼마나 무섭고 두려웠을까. 하지만 그 당시 신생아를 품에 안은 내 눈에는 그 아이가 마치 예닐곱 살은 된 아이처럼 커 보였다. 게다가 태어나서 줄곧 내 손으로 키우지 않은 아이이니 아이의 성장 단계를 짐작할 수가 없었다.

그리고 그다음 날 바로 둘째는 놀이방에 맡겨졌다. 막 병원에서 시각장애 판정을 받은 막내 때문에 나도 남편도 제정신이 아닌 상태였다. 새벽이면 일어나 아픈 아이를 들쳐 안고 좋다는 곳은 미친 듯이 찾아다니는 일상이 반복되었다. 그러니 갓 데려온 둘째 아이와 조용히 눈맞춤 할 여유가 없었다. 이제 막 초등학교에 입학한 큰아이도 입학식 날 학교랑 교실 한 번 찾아주고는 더 이상 들여다보지 못했다. 나는 새벽 6시면 일어나 아이들 아침거리를 챙겨 놓고 막내 아이 치료를 위해 서둘러 밖으로 나갔다. 그러면 큰아이가 둘째 아이 밥을 먹이고 어린이집 차량에 태워 주고 학교를 가야 했다. 많은 시간이 흐른 후에 큰아이가 그때의 힘들었던 속내를 털어놓았다. 동생을 어린이집 차에 태워 주고 학교에 가면 늘 8시 50분이 넘어서 6학년 선도부 형이랑 누나들에게 붙잡혀 많이 혼났다고 한다. 미처 생각지도 못한 일이었다. 담임선생님께는 양해를 구했지만 매일 혹은 매주 얼굴이 바뀌는 6학년 선도부에게는 아이의 집안 사정이 전달될 수 없었다. 그래서 큰아이는 매일 아침 등교 때마다 혼나고 가슴 졸이며 등교를 한 것이다.

처음 며칠간 놀이방에 맡겨진 둘째를 저녁 늦게 데리러 가니 아이가 엄마를 따라오지 않으려고 했다. 엄마라는 말도 배우지 못한 아이는 나를 보고 "아줌마, 안 가…. 안 가…." 하며 발버둥을 쳤다. 그 모습은 또 얼마나 내 가슴을 무너지게 하고 서럽게 하던지…. 그럼에도 불구하고 다른 선택지가 없었다. '일단 막내를 어떻게든 사람답게 살 수 있게 키워 놓은 다음에 첫째랑 둘째 아이에게 신경 써야지…. 그래도 될 거야. 지금으로서는 다른 방법이 없잖아.' 하며 합리화했다.

그때는 정말 그래도 되는 줄 알았다. 일단 혼자서는 아무것도 못 하는 막내가 혼자서 걸을 수 있고 혼자서 먹을 수 있도록 어느 정도 가르치는 것이 급선무라고 생각했다. 그런 다음 둘째에게 신경 써서 가르치면 될 줄 알았다. 하지만 그렇게 막내에게 집중하는 데 거의 10년이 넘는 시간이 훌쩍 지났다. 그때쯤 둘째는 이미 되돌리기 힘들 만큼 망가져 있었다. 누구하고도 눈을 마주치지 못했고 언제나 혼날까 봐 잔뜩 주눅 들어 있었다.

어린 시절에 내재된 두려움은 아이가 성장하면서 과도한 방어 본능으로 나타날 수 있다. 자신을 보호하고자 하는 필사적인 방어 본능은 모르는 이가 볼 땐 오히려 폭력적으로 보이게끔 한다. 폭력적으로 보이니 더 혼나고 더 거부당하기 일쑤다. 혼나고 거부당하니 아이는 더 공격적이 되는 악순환이 일어난다. 둘째도 그랬다. 실상은 그 누구보다도 따뜻한 보살핌과 사랑이 필요한 아이인데, 누구도 그 사랑을 채워 주지 못했다. 아이가 느꼈을 혼돈스러운 감정을 존중하고 공감하고 보듬어 췄어야 했는데 그러지 못했다. 존중받지 못한 여린 감정선은 손상되었고 그 결과 아이는 사랑과 자존감이 결핍된 아이로 자라났다. 사랑과 자존감의 결핍은 아이가 성장하고 사춘기가 되면서 여러 가지 복합적인 문제를 야기했다.

사랑받지 못하고 존중받지 못하고 자란 아이는
가슴 속에 분노가 내재해 있어요.
부모에 대한 신뢰감이 없어요.
자신감이 부족해요.
선택과 결정력이 부족해요.
언제나 거절에 대한 두려움이 있어요.

세상 모든 것이 불안해요.

자존감이 약해요.

10세 이전에 안정적인 감정선을 만들어라

사랑받지 못하고 존중받지 못했을 때 나타나는 여러 가지 증상
의 원인은 하나다. 어린 시절 생각과 감정을 충분히 표현할 능력
이 부족하여 방치되고 억압된 감정들이 낳은 결과물이다. 아이와
부모가 좀 더 행복한 청소년기를 보내고 싶다면 어린 시절 마음
교육의 골든타임을 놓치지 않는 것이 좋다. 열 살 이전에 부모와
의 감정선이 올바르게 맺어진 아이는 사춘기도 훨씬 수월하게 지
나간다. 사춘기가 되면 아이들은 호르몬의 영향으로 감정 기복이
심해진다. 자신의 정체성을 찾으려는 본능과 맞물려 자신도 제어
하기 힘든 감정의 기복을 경험하게 된다.

우리의 뇌에서 변연계가 감정을 담당한다면, 전두엽은 이성적
인 사고 판단을 담당한다. 또한 전두엽은 감정의 뇌인 변연계를
조절하고 다스리는 역할을 한다. 하지만 청소년들의 전두엽은 아
직 완성 단계가 아니라 발달 단계에 있기 때문에 변연계에 대한

통제권이 약하다. 이럴 때 부모와의 감정선이 안정적으로 형성된 아이는 큰 동요 없이 좀 더 가볍게 성장통을 치를 수 있다. 하지만 부모와의 감정선이 불안정하게 형성된 아이는 더 힘들고 격렬한 성장통을 치를 수 있다.

나는 내 아이와 올바른 감정선을 맺고 있는지 한번 점검해 보자. 올바른 감정선을 형성하는 데 가장 중요한 것은 감정에 대한 존중이다. '나는 과연 지금 이 순간 내 아이의 감정을 존중하며 키우고 있는가?' 생각해 보면 된다. 우리는 흔히 아이의 감정을 존중하고 있다고 무의식적으로 생각한다. 그런데 막상 꼼꼼히 들여다보면 아이의 감정보다 부모의 감정을 더 우선시할 때가 많다. 아이가 어려서 자신의 감정을 충분히 표현하지 않기 때문에 소홀히 여겨지는 부분도 있다. 부모가 괜찮으면 당연히 아이도 괜찮을 거라고 지레짐작 한다. 그러면서 자신이 아이의 감정을 존중하고 있다고 착각한다. 과연 현재 내 아이의 감정은 어떤 상태일까?

자존감을 높이는
감정 존중 육아

언제부턴가 하늘이 조금씩 어두워지는가 싶더니 급기야 빗방울
이 투두둑 떨어지기 시작한다. 지칠 줄 모르고 신나게 그네를 타
는 아이의 표정을 보니 그만둘 생각이 없는 듯하다. 아침 먹고 나
와서부터 미끄럼틀과 시소를 타고, 또 그네 타기를 반복하고 있
다. 중간에 잠깐 집에 들러 간단히 점심 챙겨 먹고 화장실 다녀온
뒤 또다시 반복이다. 8시간째 혼자서 놀이터를 전세 낸 듯 독차지
하고 있다. 평소 같으면 아이들로 시끌벅적할 테지만 어제 밤새
내린 비로 놀이 기구가 다 젖어 노는 아이들이 보이지 않는다. 몇

몇 있던 아이들마저 점점 굵어지는 빗방울에 도망치듯 집으로 들어가 버렸다. 이제 놀이터에는 막내와 나 둘뿐이다.

'아, 나도 이제 집에 가서 쉬고 싶다. 저녁식사 준비도 해야 하는데…'

꼬박 8시간을 아이 옆에 서서 지켜보던 나는 슬슬 다리도 아프고 쉬고 싶어진다. 아이에게 말을 붙였다.

"막내야, 비 오는데 이제 집에 가자."

예상대로 지체 없이 답이 돌아온다.

"싫어. 더 놀 거예요."

"비 많이 오는데? 너 비 맞으면 감기 걸려. 엄마도."

"그럼 엄마는 우산 쓰고 기다리면 되잖아요."

"너는?"

"난 우산 안 쓰고 그네 탈 거예요. 그네 타기 재미있어요. 더 탈 거야. 그리고 발차기도 재미있어요. 이 물에서 수영할 수도 있어요?"

앞이 안 보이는 막내는 그네 밑에 움푹 파인 웅덩이에 고인 물의 양이 가늠이 되지 않나 보다. 그네에 앉아서 일부로 발을 첨벙거려 본다. 급기야 그 물에서 수영하며 놀 수 없냐고 묻는다.

"안 돼. 수영할 만큼 많지 않아. 그리고 흙탕물이야. 무지 더

러워."

"그럼 개미는 여기서 수영할 수 있어요?"

"그래. 개미는 아주 작으니까 여기서 수영할 수 있겠다."

"개미는 더러운 물에서도 수영해요?"

"응."

"왜요? 왜 개미는 더러운 물에서 수영해도 괜찮아요?"

"으음, 개미는 더러운 물에서 수영해도 병에 걸리지 않으니까."

"개미도 수영복 입고 수영해요?"

휴우…. 저 질문에는 또 뭐라고 답해야 하나?

"아니. 개미는 수영복 안 입어."

"왜요?"

"개미나 다른 동물들은 옷 안 입어. 만들지 못하니까. 사람만 옷이랑 신발, 책상 같은 거 만들 수 있는 거야."

"그럼 사람이 개미한테 수영복 만들어 주면 되잖아요?"

그렇게 질문과 놀이를 계속하다 기어이 9시간을 넘기고서야 집에 들어왔다. 따뜻한 물을 받아 몸을 담그고 깨끗이 씻었지만 그날 아이는 감기에 걸리고 말았다. 그리고 아이는 배웠다. 추운 날 비 맞으며 오래 놀면 감기에 걸리고 열이 난다는 사실을. 때론 열 번의 주의보다 한 번의 경험이 더 효과적일 때도 있다. 아이는 그 후로 여전히 바깥놀이를 즐기지만 비 오는 날, 비를 맞아가며 놀자고 고집 부리지는 않는다.

누군가는 어떻게 놀이터에서 10시간을 함께 놀아줄 수 있느냐고 묻는다. 나에겐 수시로 일어나는 일상이다. 시각장애인 아이는 다른 아이들과 같은 놀이를 즐기지 못한다. 예닐곱 살이면 한창 재미를 붙일 레고놀이, 그림 그리기, 동화책 읽기, 딱지치기, 구슬치기 모두가 무용지물이다. 색종이 접기, 물총놀이, 로봇조립, 만화영화 보기도 의미가 없다. 이렇게 말하면 또 누군가는 의아해 하며 묻는다.

"왜 못 해요? 안 보여도 배우면 할 수 있지 않나요?"

물론 연습하면 할 수는 있다. 하지만 그건 이미 재미있는 놀이가 아니라 연습을 위한 연습일 뿐이다. 놀이라기보다는 학습에 가깝다. 놀이의 기본은 재미인데 재미와는 거리가 멀어진다. 시각장애 아이를 키워 보지 않은 사람들은 그게 왜 재미가 없는 일인지 선뜻 이해하지 못한다. 아이 입장에서 생각해 보면 금세 알 수 있다. 시각적 자극이 없으면 동기부여가 되지 않기 때문이다.

일반적으로 아이들이 좋아하는 장난감을 떠올려 보자. 일단 색상부터 알록달록 화려하여 시선을 사로잡는다. 모양이나 움직임도 아이들의 눈길과 관심을 끌도록 만들어져 있다. 동물원 역시 흥미가 없기는 마찬가지다. 그림책에서 호랑이를 본 아이는 동물원에 살아 있는 호랑이의 모습에도 당연히 관심을 가진다. 하지만 태어나서 한 번도 무언가를 본 적이 없는 아이에게 호랑이는 아무 의미가 없다. 호랑이가 아주 무섭고 큰 동물이라고 이야기해주어도 피상적일 뿐이다. '무섭다'라는 개념에 대한 인식부터가 다르다. 직접 몸으로 체험하지 않은 것에 대한 무서움을 상상하기 어렵다. 의미가 없으니 관심도 흥미도 느끼지 못한다.

그런데 아이에게 주어지는 하루 24시간은 똑같다. 비장애 아이에게도 장애 아이에게도 하루는 24시간이다. 어떻게든 시간을 보내야 한다. 먹고 자고 씻는 기본적인 시간 외의 시간들을 대개의 아이들은 동화책도 보고, 텔레비전도 보고, 그림도 그려 가며 보낸다. 소꿉놀이도 하고, 보드게임도 하고, 친구들과 놀기도 하며 보낸다. 그래서 심심할 겨를이 없다. 하지만 그 모든 놀이에서 제외된 시각장애 아이는 하루 24시간을 거의 엄마와 함께 보낸다. 물론 유치원이나 학교에 가는 시간도 있지만 방학 때나 취학 전의 경우 오롯이 엄마 몫이다.

아무것도 못하고 멍하니 앉아 있는 것은 아이에게 너무 힘든 일이다. 한창 뛰어놀고 싶어 하고 에너지가 넘치는 나이가 아니던가. 심심하고 무료하여 힘들어하는 아이를 보고 있자면 마음이 안쓰럽다. 아이들 대부분이 그렇다시피 장애 아이도 틈만 나면 밖에 나가고 싶어 한다. 그리고 시각이 없어도 즐길 수 있는 몸으로 직접 체감할 수 있는 놀이를 원한다. 놀이터에서 놀거나 자전거 타기, 물놀이 등을 즐긴다. 그런데 중요한 건 이 모든 놀이를 혼자서 할 수 없다는 것이다. 물론 익숙해지면 그네를 혼자 탈 수는 있다. 하지만 볼 수 없기 때문에 다른 아이들이 그네 가까이로 다가와도 속도를 줄이거나 멈출 수 없다. 엄마는 내 아이뿐만이 아니라 다른 아이들이 다치지 않도록 보호해야 한다. 잠시도 한눈 팔지 않고 그네 옆에 바싹 붙어 서 있어야 한다.

모든 놀이가 이와 같다. 내 아이보다 다른 아이가 다칠까 봐 염려되어 늘 긴장 상태에서 주의를 살피며 지켜보는 것이 엄마의 역할이다. 그 당시 아이들이 놀이터에서 노는 동안 옆 벤치에 삼삼오오 앉아 이야기를 나누는 엄마들이 가장 부러웠다. 아이들은 아이들대로 엄마들은 엄마들대로 나름의 시간을 즐기고 있었다. 하지만 늘 긴장 상태로 아이 옆에 서서 지켜보고 있어야 하는 나로선 화장실조차 마음대로 갈 수가 없었다.

그럼에도 충분히 놀고 싶은 아이의 감정을 존중하고 지지하며 키운 덕분에 막내는 아주 밝고 씩씩한 아이로 자라났다. 긍정적이고 집중력 있는 아이로 성장했다. 놀이에 10시간을 집중할 수 있는 아이는 다른 무엇에도 10시간을 몰입할 수 있는 집중력과 끈기가 생긴다. 시각장애가 있지만 피아노를 전공으로 선택하면서 막내는 때로 하루 10시간의 연습 시간을 기꺼이 감당한다. 또한 자존감 있는 아이로 자라났다. 장애가 있지만 결코 위축되지 않는다. 언제 어디에서든 자신의 의사를 당당하게 표현할 줄 알며 가고자 하는 길이 확실하다.

아이의 감정을 존중하는 육아는 아이의 자존감을 높여 준다. 자존감이 높은 아이는 어떤 상황에서도 자신의 의지와 신념을 지킬 줄 안다.

행복한 관계를 위한
선택

부부가 경제 공동체라면 가족은 행복 공동체다. 나는 아이들이
어릴 때 내가 아이들을 지키고 있다고 생각했다. 하지만 어느 순
간 내가 아이들을 지킨 것이 아니라 아이들이 우리 부부를 지킨
것이었음을 깨달았다. 내가 아이들의 울타리가 되어 준 것이 아
니라 아이들이 우리 부부의 울타리가 되어 준 것이다. 어쩌면 서
로가 서로에게 무엇과도 바꿀 수 없는 견고한 울타리였으리라.
가족은 서로에게 울타리고 버팀목이다. 위안이고 힘이다. 또한
가족은 서로를 성장시키는 삶의 도반이다. 모든 삶이 나로부터

시작되어 나에게서 끝나듯이, 우리네 인생길은 가족에서 시작되어 가족에서 끝난다. 그래서 가족은 참 따뜻한 이름이다.

지금 이 순간 내 가슴 속에 떠오르는 가족은 어떤 모습일까? 부모 형제를 떠올려 보았을 때 가슴이 따뜻해지는가? 그들의 다정한 눈빛과 웃음소리가 그리워지는가? 그들과 함께했던 유년의 행복한 추억이 떠오르는가? 그때로 돌아가고 싶은 정겨운 장면이 생각나는가? 그렇다면 당신은 행복한 사람이다. 가족에게 안정감을 느끼고 따뜻함을 느낄 수 있는 사람은 축복받은 사람이다. 때때로 삶이 힘겹고 고단해도 가족의 온기를 느낄 수 있다면 다시 세상을 살아갈 힘을 얻는다.

하지만 누군가에게 가족은 떨쳐 버리고 싶은 무거운 짐이고, 마주치고 싶지 않은 인연일 수도 있다. 가족을 떠올렸을 때 따뜻함보다는 차가움이, 유쾌함보다는 상처가 떠오른다면 안타까운 일이다. 물론 가족이란 그 양면성 모두를 공유하는 관계이기도 하다. 때론 서로에게 힘이 되기도 하고, 때론 상처가 되기도 한다. 기쁨이 되기도 하고, 슬픔이 되기도 한다. 자랑스러움이 되기도 하고, 골칫덩이가 되기도 한다. 그럼에도 불구하고 그 대차대조표를 살펴봤을 때, 원망보다 감사함이 더 많다면 좋은 가족 관계라고 할 수 있다. 그러나 감사함보다 원망과 분노가 더 크다면 슬픈 일이다.

그럼 다시 한 번 살펴보자. 가족에 대한 기억을 되돌려 봤을 때, 당신은 어떨 때 감사함을 느꼈는가? 어떨 때 상처를 받고 아픔을 느꼈는가? 어떨 때 원망의 감정이 생겼는가? 곰곰이 생각해 보면 그 바탕에 이해받지 못하고 존중받지 못한 내 감정들이 깔려 있을 것이다. 공감받지 못하고 배려받지 못한 내 감정들이 숨어 있을 것이다.

우리는 자신의 감정을 존중받지 못할 때
화가 나고 원망하는 마음이 생긴다.

자신의 감정을 존중받지 못해 원망하는 마음이 생길 때 성인은 나름대로 대처를 한다. 하지만 아이의 경우 아직 표현 방법이 미숙해 어떻게 대처해야 할지 모를 때가 더 많다. 게다가 어린아이들은 자신의 감정조차 제대로 파악하기 어렵다. 뭔가 억울하고 답답하고 화가 나지만 딱히 그 이유를 분명하게 알지 못한다. 또 어떤 언어를 사용하여 그 감정을 표현해야 하는지도 모른다. 어떤 방법으로 상황을 전달해야 옳은지도 모른다. 이때 부모가 그 감정을 시기적절하게 알아채고 공감해 주면 아이의 감정은 금세 평온을 되찾는다.

하지만 그렇지 못할 경우 이 부정적 감정들은 억압된 채로 아이의 내면에 조금씩 쌓여 간다. 이 쌓인 감정들은 아이들이 어릴 때는 크게 드러나지 않는다. 때로 공격적인 성향으로 드러나기도 하지만 대개는 자신감 부족이나 표현 부족 등 소극적인 형태로 드러난다. 그렇기에 문제의 심각성을 부모가 쉽게 알아채지 못한다. 그저 자신감이 부족한 소극적이고 내성적인 아이로 여겨질 뿐이다. 하지만 이 아이들이 초등 고학년이 되고 사춘기가 되면 숨겨져 있던 문제들이 그 심각성을 드러내기 시작한다. 이때라도 부모가 알아채고 제대로 대응하고 반응해 주면 어느 정도 해결된다. 그러나 이 시기마저 놓치면 문제는 걷잡을 수 없이 커져서 폭발한다. 마치 조그마한 불씨 하나가 숲에 번지기 시작할 때 재빨리 알아채고 수습하지 못하면 큰 산불로 번지는 것과 마찬가지다. 이때가 되면 가족 모두에게 그 산불이 번져 가족 구성원 모두가 그 불길에서 벗어나지 못하고 화상을 입게 된다.

서로의 감정을 존중한다는 것

내담자 중에 고등학생 딸 둘을 둔 어머니가 있었다. 그다지 길지 않은 연애 기간을 거쳐 20대 중반에 결혼을 하여 가정을 꾸렸다. 연애 시절 남편의 모든 것이 좋아 보였고 행복한 결혼 생활을 할 수 있으리라 여겼다. 그러나 막상 결혼을 하고 보니 시댁과 친정의 문화 차이가 너무 심했다. 시댁 식구들과 점점 마찰이 심해졌다. 서로가 서로를 이해할 수 없는 와중에 감정적 갈등은 더욱 깊어졌다. 내 편이라 생각했던 남편은 내 편일 수 없었고, 급기야 이 어머니는 우울증에 걸렸다. 자신의 우울증을 혼자 감당하기 힘들어지자 첫째 아이를 방치하고 윽박지르며 수시로 때렸다. 그러다 오랜 시간에 걸쳐 우울증을 극복하기 위해 노력했고 마침내 조금씩 주변 상황이 눈에 들어오기 시작했다. 그사이 아이는 망가져 있었다. 이제는 아이가 우울증 치료를 받기 위해 병원에 다니고 있다. 이런저런 이유로 고등학교에 적응하지 못한 아이는 자퇴를 했고 어디서도 소속감을 갖지 못하자 안정감을 잃어 갔고 자존감이 무너져 내렸다. 오랫동안 억압되었던 상처와 부모에 대한 원망은 폭언과 폭력으로 표현되었다. 이 과정 속에서 아이를 상대하고 보살펴야 하는 부모 역시 상처받고 힘겹기는 마찬가지다.

같은 공간에서 생활해야 하는 동생 또한 어쩔 수 없이 영향을 받는다. 이제는 걷잡을 수 없이 크게 번진 불길 속에 부모도 아이도 동생도 다 같이 화상을 입고 있다. 부모의 사랑과 노력으로 그 불길을 잠재운다 해도 서로의 가슴속에 남은 흉터를 사라지게 하는 데는 상당한 시간이 필요하다.

가족은 행복 공동체다. 가족 구성원 모두가 행복해야 행복한 가정이 유지된다. 아이가 행복해야 부모도 행복하다. 부모가 행복해야 아이도 행복하다. 남편이 행복해야 아내도 행복하고, 아내가 행복해야 남편도 행복하다. 형이 행복해야 동생도 행복하고, 동생이 행복해야 형도 행복하다. 형제자매의 행복이 별개인 듯 생각되지만 궁극적으로 가족 구성원 모두는 한 나무에 달린 잎사귀들이다. 한쪽의 잎사귀들이 병들어 갈 때 적절한 조치를 취하지 않으면 결국 나무 전체가 병든다. 행복의 시작은 '나'이면서 동시에 '가족'으로부터 비롯된다.

행복한 관계의 바탕은
'감정 존중'이다.

서로의 감정을 존중해야 한다. 부모가 먼저 서로의 감정을 존중하는 모습을 보여 주는 것이 바람직하다. 이런 분위기가 형성되면 아이들은 부모를 보고 그대로 따라 배운다. 자신의 감정을 존중받으며 자란 아이는 타인의 감정도 존중할 줄 안다. 더 나아가 어린 시절 부모로부터 감정을 존중받고 배려받으며 자란 아이는 나이가 들어 부모가 연로해졌을 때 부모의 감정을 더 많이 존중하고 배려하는 자녀가 될 것이다. 모든 인간관계는 결국 준 만큼 되돌려 받는다. 그것이 자연스런 세상의 이치다.

부모의 감정 조절이 육아의 질을 결정한다

"어리석은 부모는 '부모의 자랑거리가 될 아이'를 만들기 위해 노력하고, 현명한 부모는 '아이의 자랑거리가 될 부모'가 되기 위해 노력한다"는 말이 있습니다. '나는 어떤 부모인가?'를 생각하게 하는 명언입니다. 아이를 잘 키우고 싶다면 먼저 부모 자신부터 돌아볼 필요가 있어요. 또한 아이를 변화시키고 싶다면 부모가 먼저 변해야 합니다. 백 마디 말보다 아이들은 부모를 보고 따라 배우기 때문입니다. 아이들은 부모를 통해 세상을 보고 자신을 알아 나갑니다. 아이가 훌륭한 어른으로 성장하기를 기대한다면 부모의 마음공부가 선행되어야 하는 이유입니다.

육아의 질은 부모가 얼마나 감정 조절을 잘하느냐에 달려 있습니다. 감정 조절은 단순히 인내하고 노력한다고 해서 되는 것은 아닙니다. 감정에 대한 공부와 이해가 먼저 선행되어야 합니다. 모든 공부는 먼저 이해를 한 후 꾸준히 연습하는 과정을 통해 완성됩니다.

　감정 조절이 되지 않은 상태에서 아이에게 하는 훈육은 부끄러움과 후회를 남기기 십상입니다. 뒤돌아서는 순간 '아, 그러지 말걸. 내가 왜 그랬을까? 조금만 더 참을걸.' 이런 후회와 자책을 되풀이하게 됩니다. 부모의 후회와 자책보다 심각한 것은 아이에게 미치는 영향입니다. 아이가 어릴수록 부모는 일방적으로 쏟아붓고, 아이는 일방적으로 당하는 형태로 진행되기 때문입니다. 대항할 힘이 없는 어린 시절에 일방적으로 당한 분노와 짜증은 아이의 무의식에 저장됩니다. 어쩌다 한 번이 아니라 오랜 기간 반복된 행동은 아이에게도 전달되고 습득되기 마련이지요. 아이가 좀 더 자라면 저장되고 습득된 행동들이 밖으로 표출됩니다. 이때가 되면 부모도 아이도 돌이키기 힘들어집니다. 돌이키기 힘든 상황이 되기 전에 부모가 감정 조절을 위해 노력한다면 아이뿐만 아니라 부모 스스로의 삶도 평안해집니다.

방법❶ 천천히 느리게 호흡하기

일단 화가 올라올 땐 호흡을 천천히 해 보세요. 사람의 감정과 몸은 연결되어 있습니다. 화가 나면 심장 박동이 빨라집니다. 마음이 편안한 상태에서는 심장 박동이 느려집니다. 바꾸어 말하면 심장 박동을 느리게 하면 마음이 평온해진다고 할 수 있습니다. 우리는 임의로 심장 박동 수를 조절할 수 없습니다. 하지만 호흡은 조절할 수 있습니다. 호흡을 천천히 느리게 하다 보면 심장 박동이 느려집니다. 심장 박동이 자연스럽게 느려지면 마음도 편안해집니다. 화가 걷잡을 수 없이 솟구쳐 올라올 때는 일단 호흡을 천천히 느리게 해 보세요. 한결 마음도 안정되고 평온해집니다. 느린 호흡은 마음의 소란스러움을 잠재우는 효과가 있습니다.

방법❷ 깊게 호흡하기

다음으로 호흡을 깊게 해 보세요. 내 배를 풍선이라고 생각하고 한껏 커질 때까지 숨을 들이마십니다. 그다음 배꼽을 등쪽으로 최대한 붙인다 생각하면서 천천히 숨을 내쉽니다. 들이마시는 숨보다 내쉬는 숨에 집중하여 최소한 열 번 이상 반복합니다. 최대한 숨을 깊게 내뱉는 것이 중요합니다. 화도 에너지입니다. 눈에 보이지 않아도 풍선 속에 공기가 채워져 있는 것처럼, 분노는 화의 에너지를 품고 있습니다. 화의 에너지를 몸속에 오랫동안 품고 있으면 여러 가지 질병으로 나타나게 마련입니다. 화를 꾹꾹 눌러 많이 참는 사람일수록 위장병, 불면증, 소화불량, 두통, 화병 등 다양한 질병을 호소합니다. 심지어 암의 원인도 극심한 스트레스라고 하지요. 무엇이 됐든 억압하고 참는 것은 좋지 않습니다. 호흡을 깊게 하면 체내에 있는 화의 에너지가 밖으로 빠져나갑니다. 이때 호흡과 함께 얕은 기침이나 트림, 혹은 눈물이 동반될 수도 있습니다. 몸속에 고여 있던 에너지가 밖으로 배출되는 과정이니 편안한 마음으로 지켜보세요.

우리는 평소에 얕은 호흡을 하며 삽니다. 그래서 억울함, 화, 짜증 등에서 오는 부정적 에너지의 찌꺼기가 우리 몸속에 남아 있습니다. 깊은 호흡으로 남은 에너지를 날려 보내세요. 마치 대청소를 한 듯 마음이 한결 가벼워질 것입니다. 이 호흡법은 언제 어디서나 할 수 있는 장점이 있어서 좋습니다. 설거지를 하다가도, 운전을 하다가도, 놀이터에서 아이를 돌보다가도, 지하철이나 버스에서도 혼자 조용히 실천할 수 있습니다.

방법❸ 아이의 바람직하지 않은 행동 소거하기

아이가 부모의 눈에 거슬리는 행동을 반복적으로 할 때, 대개의 부모는 바로 지적하고 주의를 줍니다. 그런데 이것은 오히려 아이의 행동을 강화하는 역효과가 있습니다. 바람직하지 않은 행동을 강화하지 않는 방법이 있습니다. 이러한 행동 수정 기법을 전문 용어로는 '소거'라고 합니다. 그런데 많은 부모들이 이를 '무시하기'와 동의어로 취급합니다. '소거'와 '무시하기'는 분명한 차이가 있습니다. 아이의 바람직하지 않은 행동에 대해 관심을 표현하지 않는다는 점에서는 비슷하지만 근본적인 의미에서 '무시하기'는 부모가 아이의 감정을 외면하고 무시하는 차가운 느낌입니다. 이에 비해 '소거'는 아이의 감정을 외면하는 것이 아니라, 아이의 감정과 행동에 휘둘리지 않는 상태입니다. 부모가 따뜻한 마음으로 담담하고 단단한 내면의 태도를 유지하는 것입니다. 바람직하지 않은 행동에 대해서는 강화하는 것을 멈추고, 바람직한 행동에 대해서는 관심과 칭찬을 유지합니다. 이렇게 할 때, 아이의 바람직하지 않은 행동이 서서히 사라집니다.

방법❹ 감정에 휘둘리지 않기

육아는 하루에도 몇 번씩 감정을 요동치게 하는 고강도 감정 노동에 속합니다. 이러한 감정의 롤러코스터에서 중심을 잡지 못하고 비틀거리기 시작하면 육아가 더 힘들고 어려워집니다. 내 감정뿐만 아니라 아이의 감정에도 휘둘리지 말아야 합니다. 감정에 휘둘리지 않기 위해서는 감정이 요동치는 순간,

1) 알아채고
2) 멈추고
3) 심호흡하고
4) 어떻게 할지 생각하고
5) 부모의 참된 역할을 기억하고 실천하는 과정이 중요합니다.

가장 중요한 것은 부모의 참된 역할이 아이를 혼내는 데 있는 것이 아니라 바르고 행복한 아이로 키우는 데 있다는 사실을 잊지 않는 것입니다. 감정이 요동치는 순간에 훈육의 최종 목적지를 기억한다면, 감정에 휘둘리지 않고 중심을 잡을 수 있습니다.

방법❺ 나에게서 화의 원인 찾기

부모가 아이에게 화가 나는 이유는 화의 원인이 아이에게 있다고 생각하기 때문입니다. 하지만 마음공부가 깊어질수록 모든 화의 원인이 자신에게 있음을 알게 됩니다. 이러한 논리는 처음에는 받아들이기도 힘들고 이해하기도 어렵습니다. '왜 모든 게 내 탓인가?'라는 억울한 마음도 듭니다. '내 탓'이라는 말 속에는 비난의 의미가 내포되어 있기 때문입니다. 사실 '내 탓'이라는 표현보다는 '내 영역'이라는 표현이 더 적합합니다. '모든 게 내 탓'이 아니라 '모든 게 내 영역'인 것입니다. '내 영역'에 대한 주도권은 '나 자신'에게 있습니다. 주도권이 '나 자신'에게 있다는 것은 엄청난 축복입니다.

흔히 하는 말로 바꾸어 보면 '칼자루는 내가 쥐고 있다.' 라는 뜻과 같습니다. 화의 원인이 타인에게 있다면 그 원인을 내 마음대로 바꿀 수 없습니다. 그래서 더 소리 지르고 화를 내게 됩니다. 소리 지르고 화를 냄으로써 내가 원하는 대로 상대가 바뀌기를 원합니다. 그럼에도 불구하고 내가 원하는 대로 상대가 바뀌지 않으면 더 크게 윽박지르고 화를 내게 됩니다. 하지만 원인을 내 안에서 찾으면 상대를 향해 소리 지를 일이 없어집니다. 내 생각과 내 행동을 바꾸면 되는데 굳이 상대에게 화내고 소리 지를 필요가 있을까요? 물론 때로는 큰소리를 내야 할 때도 있겠지만 적어도 감정에 휩싸인 분노로 표출되지는 않습니다.

아이를 향해 화내고 윽박지르고 싶을 때, 아이에게로 가는 화를 거두고 나의 내면을 꼼꼼히 살펴보세요. '지금 내 안에 아이를 통해 인정받고 싶어 하는 욕구가 숨겨져 있는 것은 아닐까?' '아이를 통제하고 싶어 하는 욕구가 숨겨져 있는 것은 아닐까?' '안전에 대한 욕구와 불안감이 숨겨져 있는 것은 아닐까?' 부정하고 싶겠지만 의외로 이에 해당하는 경우가 많습니다. 자신 안에 있는 욕구와 두려움을 찾았다면 내려놓는 연습을 반복하세요. 분노는 참는 것이 아니라, 나의 감정에 대한 이해를 통해 내려놓는 것입니다. 이해와 꾸준한 반복 연습을 통해 누구나 감정 조절이 가능해집니다.

2장

내 아이를 위한 엄마의 감정 공부

육아의 핵심은
부모의 감정 조절

내 감정의 주도권을 갖기 위한 '알아차림'

아이를 키울 때 부모의 감정 조절은 아주 중요하다. 자신의 감정을 잘 이해하고 조절할 수 있는 부모는 더 부드럽고 평화롭게 아이를 대할 수 있다. 부모가 감정을 조절하지 못하면 아이와의 관계가 평온하기 힘들다. 아이는 모든 면에서 미성숙하기 때문에 자신의 감정을 어떻게 다루어야 하고 어떻게 조절해야 할지 모른다. 부모의 감정 표현 방식과 행동 양식을 보면서 서서히 배우고 익혀 나간다. 어릴 때부터 부모가 자신의 감정을 잘 조절해 성숙한 자세로 평온하게 아이를 대하면 아이는 평온한 느낌 속에서 안정적으로 성장할 것이다. 부모가 자신의 감정을 조절하지 못해 불안정한 감정으로 아이를 대한다면 아이 역시 불안정한 감정 상태를 경험하고 형성하며 성장하게 된다. 부모의 감정은 고스란히 아이에게 전달되기 때문이다.

특히 부모가 품고 있는 분노나 우울과 같은 감정들은 아이의 성장에 좋지 않은 영향을 미친다. 화내는 부모 밑에서 자란 아이는 자존감이 낮아진다. 또한 무의식적으로 세상에 대한 불안감과 적대감을 키워 나갈 수 있다. 우울한 감정 역시 마찬가지다. 부모의 우울감은 아이에게도 고스란히 전달된다. 아이 역시 점점 웃음과 활기를 잃어 간다. 그러면서 세상은 즐거운 일보다 즐겁지 않은 일이 더 많다는 느낌이 무의식에 새겨진다.

감정을 잘 조절하지 못하는 부모에게서 자란 아이는 감정을 잘 조절하지 못하는 어른으로 성장할 가능성도 높다. 미성숙한 부모 밑에서 성장한 아이는 미성숙한 어른으로 성장할 가능성이 크다. 삶을 대하는 부모의 감정과 행동 양식이 알게 모르게 아이에게 학습되기 때문이다. 이러한 과정은 결국 부모의 감정이 아이에게 후천적 대물림되는 결과를 낳는다. 아이는 부모가 자신을 대하는 방식으로 타인을 대하게 된다. 또한 부모가 자신을 대하는 방식으로 세상을 대하게 될 것이다. 이것은 활기와 기쁨과 즐거움으로 인식되어야 할 아이의 세계를 파괴하는 행위다. 아이의 세계가 평화롭게 유지되길 원하는 부모라면 자신의 감정 조절 능력을 먼저 키우는 것이 바람직하다.

어떻게 하면 자신의 감정을 잘 조절할 수 있을까? 감정 조절의 시작은 감정을 알아차리는 데서 출발한다. 우리의 감정은 일반적으로 외부에서 오는 자극에 반응하면서 생겨난다. 그 자극이 자신이 원하는 방향으로 진행되면 기쁨이나 즐거움 등 긍정적인 감정으로 반응한다. 반면에 자신이 원하지 않는 방향으로 진행되면 짜증이나 분노 등의 감정 반응을 보인다. 예를 들어 보자.

어느 날 문득 아이 가방을 정리하다 보니 가방 아래쪽에 구겨진 시험지가 있다. 살펴보니 아이가 학교에서 받아쓰기를 했는데 50점이다. 순간 감정이 확 솟구쳐 올라온다. 이럴 때 가장 먼저 알아차릴 것은 지금까지 평온한 상태였던 내 감정의 그래프 선이 순간 아래위로 치솟았다는 사실이다. 마치 병원 응급실에 꽂혀 있는 컴퓨터 모니터의 그래프 선처럼….

그런데 대다수 사람들은 이 순간 자신의 감정이 반응하고 있다는 사실 자체를 '의식'하지 못한다. 자신의 감정과 자신을 분리시켜 관찰하는 연습을 해 본 적이 없어서다. 자동으로 프로그램화된 기계처럼 '무의식적'인 감정 반응 시스템이 작동하는 것이다. 자동화된 감정 시스템은 의식할 사이도 없이 감정 반응에 따른 행동으로 이어진다. 이 순간 감정 반응과 행동을 조절해야 할 주체인 '나'는 사라지고 없다. 이 원리를 이해하지 못하면 자신의 감정을 조절하기 어렵다.

감정을 조절한다는 것은 자신의 감정에 대한 '온(On)' 혹은 '오프(Off)' 스위치에 대한 주도권을 갖는다는 의미다. TV를 볼 때 우리는 리모컨을 들고 켜짐 버튼을 누른다. 그만 보고 싶어지면 꺼짐 버튼을 누른다. 실내를 밝게 하고 싶을 때 전기 스위치의 켜짐 버튼을 누르고, 어둡게 하고 싶으면 꺼짐 버튼을 누른다. 자동차를 타고 싶을 때 시동을 켜고, 멈추고 싶을 때 시동을 끈다. 이 모든 켜짐과 꺼짐 뒤에 그것을 인식하고 주도하는 '나'가 존재한다. 감정에 있어서도 그것을 인식하고 주도하는 '나'가 존재해야 한다. 그래야 감정 스위치의 온과 오프를 조절할 수 있다.

그런데 외부로부터 어떤 자극이 들어오고 감정 반응이 시작되는 순간 '나'는 사라지고 만다. 왜 그럴까? '나'와 '나의 감정'을 동일시하기 때문이다. 격렬하게 반응하는 감정에 동화되어 정신을 차릴 수 없는 상태가 되는 것이다. 마치 느닷없이 물살이 센 강물의 소용돌이에 빠져 정신을 잃고 허우적대는 것처럼…. 속담에 '호랑이에게 물려가도 정신만 차리면 산다.'고 했다. 여기서 '정신을 차린다'라는 말의 의미는 무엇일까? 호랑이한테 잡힌 상황에 매몰되지 말고 생각할 수 있어야 한다는 의미다. 생각을 하려면 호랑이한테 물린 급박한 '상황'과 놀란 나의 '감정' 상태를 '나'로부터 분리할 수 있는 힘이 있어야 한다. 여기에서 주도권을 가져야 할 주인공은 '상황'이나 '감정'이 아니라 '나'여야 한다. 내가 바로 내 삶의 주체이니까.

하지만 이 알아차림과 분리가 처음부터 잘되는 것은 아니다. 먼저 이러한 원리에 대한 충분한 이해를 하려면 깊이 생각해 봐야 한다. 그런 다음 차근차근 알아차림과 분리를 위한 연습을 반복한다. 처음에는 서툴고 어색하지만 조금씩 익숙해진다. 익숙해질수록 상황과 감정, 나를 분리하는 마음의 힘이 생겨난다. 감정과 일정한 간격이 생기면 상황을 객관적으로 볼 수 있게 된다.

마음공부도 공부다. 즉, 국어, 영어, 수학 공부를 할 때와 같은 원리로 공부가 필요하다. 수학 공식을 외울 때를 떠올려 보자. 먼저 그 원리를 이해한다. 그런 다음 문제에 공식을 대입하여 풀어 보며 반복 연습을 한다. 처음에는 기본 문제부터 시작하여 차츰

심화 문제로 확대한다. 자유자재로 능숙하게 다룰 수 있을 때까지 수많은 문제를 풀어 보며 연습하는 것이다. 충분히 이해하고 연습을 했다고 생각해도 막상 시험을 치르면 틀리기도 한다. 하지만 그런 과정을 반복해 가며 익혀 나가는 것이다.

많은 사람이 감정 문제는 이해만 하면 바로 적용할 수 있고 실천할 수 있다고들 착각한다. 안타깝지만 그렇지 않다. 감정은 마음의 영역에 속하고 마음공부 역시 다른 공부와 다를 바 없다. 꾸준한 노력, 반복 연습, 그리고 시행착오를 통해 익혀 나가야 한다. 이제 감정의 그래프가 치솟는 순간 '치솟았음'을 알아차리는 연습을 해 보자. 알아차림이 중요한 이유는 알아차릴 수 있어야 분리가 가능하기 때문이다. 그다음 '나'와 '감정'을 분리하는 연습을 해 보자. 분리가 되어야 감정에 대한 온과 오프 스위치를 자신의 의도대로 조절할 수 있는 힘이 생긴다.

내 안의 감정 종류 파악하기

다음으로 살펴볼 것은 방금 치솟은 그래프 선의 정확한 명칭이다. '화'인지 '속상함'인지 '창피함'인지 '짜증'인지 '실망'인지

'우울'인지 아니면 또 다른 무엇인지…. 감정의 종류를 정확하게 알아차려야 한다. 때론 여러 감정이 복합적으로 작용할 때도 있다. 그럼 그 복합적인 감정들 중에서 가장 핵심이 되는 감정을 우선적으로 찾아보자.

그런 다음 불필요한 감정을 정리한다. 불필요한 감정이란 어떤 것일까? 열등감과 우월감, 경쟁심, 질투, 집착, 죄책감, 피해의식, 불안, 분노 등과 같은 감정들이다. 이런 감정들은 스스로를 힘들게 하고 지치게 한다. 물론 인간은 다양한 감정들을 경험하며 살아간다. 또한 그 감정의 경험을 통하여 다른 사람과 공감하고 소통하기도 한다. 궁극적인 관점에서 보면 그 어떤 감정도 필요 없는 감정이란 없다. 하지만 자신을 힘겹게 하는 부정적 감정들을 너무 오랫동안 가슴속에 품고 있으면 불필요한 감정 에너지를 소모하게 된다.

인정 욕구와 생존에 대한 두려움 내려놓기

다시 위의 사례를 살펴보자. 아이의 시험지를 보고 감정 반응이 일어났다. 어떤 감정인가 살펴보니 화, 창피함, 경쟁심이다. 그럼 이제 더 깊게 이 감정들을 들여다본다. 왜 화가 났을까? '화'라는 감정은 기본적으로 내 마음대로 되지 않을 때 일어난다. 내가 원하는 대로 안 될 때 생기는 것이다. 아이가 공부를 잘하길 바라는 것은 어느 부모나 같은 마음일 것이다. 좋은 성적을 받아 오면 좋겠는데 엄마가 원하는 만큼의 성적이 아니다. 그래서 화가 난다. 이것이 화에 대한 표면적인 이유다. 그럼 왜 나는 아이가 공부를 잘하길 바라는 걸까? 내 아이가 공부를 잘하면 자랑스러우니까. 또 공부를 잘하면 좋은 대학에 가고 더 잘살 것 같으니까. 여기에서 한 걸음 더 깊게 들어가 보자.

내 아이가 공부를 잘하면 자랑스럽다는 마음 안에는 어떤 욕구가 숨겨져 있다. 바로 인정받고 싶은 욕구다. 창피함이나 경쟁심도 자세히 들여다보면 인정받고 싶은 욕구에서 파생된 감정이다. 인정받고 싶은 욕구를 내려놓으면 창피함이나 경쟁심도 함께 내려놓을 수 있다. 공부를 잘하면 좋은 대학에 가고, 더 잘살 것 같은 마음 안에는 어떤 욕구와 두려움이 숨겨져 있을까? 안전에 대한 욕구와 미래에 대한 불안감이 숨겨져 있다. 감정을 조절하기 위해서는 자신의 감정 속에 숨겨진 근원적인 욕구와 두려움을 알아야 한다.

인간의 모든 욕구와 두려움은 '생존'에 대한 욕구와 두려움에서 파생된다. 생존에 대한 본능적인 욕구가 신체 안전에 대한 욕구와 인정받고 싶은 욕구, 통제하고 싶은 욕구로 이어진다. 이런 욕구는 그것이 채워지지 않았을 경우에 대한 두려움을 동반한다. 그러므로 생존에 대한 두려움을 온전히 내려놓을 수 있다면 다른 모든 두려움도 함께 내려놓을 수 있다. 인간이 경험하는 많은 부정적인 감정들도 결국 이러한 욕구와 두려움에서 비롯된 것들이다. 그 욕구와 두려움이 작동하는 방식을 제대로 이해한다면 열등감과 우월감, 경쟁심, 질투, 집착, 죄책감, 피해의식, 불안, 분노와 같은 감정들을 좀 더 쉽게 정리할 수 있다. 이러한 감정들이 정리되면 감정을 조절할 수 있는 마음의 힘이 단단해진다.

부모의 말은
아이의 마음을 움직인다

우리나라 속담에 '말 한마디로 천 냥 빚을 갚는다.'라는 말이 있다. 말에는 사람의 마음을 움직이게 하는 힘이 있다. 마음은 눈으로 볼 수도 없고 손으로 잡을 수도 없다. 보이지도 잡히지도 않는 마음이란 것이 어느 때 어느 방향으로 움직일지 알 수가 없다. 그래서 누군가는 상대방의 마음 한 조각을 얻기 위해 최선을 다해 노력한다. 그만큼 내 뜻대로 움직이기 힘든 것이 마음이다. 그런데 그 마음이라는 것이 진심을 담은 말 한마디에 움직일 수도 있다. 천 냥 빚을 갚을 수도 있을 만큼 말 한마디의 힘은 위대하다.

이렇게 엄청난 힘을 가지고 있는 말을 잘못 사용하면 돌이키기 힘든 상황이 벌어지기도 한다. 또 말 한마디에 어제의 친구가 오늘의 적이 될 수도 있다. 어쩌면 말은 그 안에 누군가를 살릴 수도 혹은 죽일 수도 있는 힘을 내포하고 있다. 실제로 누군가의 말 한마디에 순간의 감정을 다스리지 못하고 죽음을 선택하는 사람도 있다. 반면 위안이 되고 힘이 되는 누군가의 말 한마디에 죽음으로 향하던 발걸음을 돌려 삶을 선택한 사람들도 있다. 그렇다면 말의 힘은 어디에서 연유하는 걸까? 사람을 살리는 말과 사람을 죽이는 말의 차이점은 무엇일까? 긍정적 영향을 미치는 말과 부정적 영향을 미치는 말의 근본 차이점은 무엇일까? 바로 말속에 담긴 감정이다.

'사랑해'라는 말을 많이 듣고 자란 생명체는 더 사랑스럽다

일본의 에모토 마사루 박사는 1994년부터 8년 동안 물 결정체에 대한 연구를 진행했다. 이 연구는 말의 힘에 대한 결과를 확실하게 뒷받침해 준다. 말은 물 결정체의 분자 구조에 직접적인 영향을 미친다. 사랑, 감사, 평화와 같은 긍정적 말을 들은 물의 결정체는 아름답다. 미움, 짜증, 불안과 같은 부정적 말을 들은 물의 결정체는 마치 어린애가 학대를 당하는 듯한 형상을 보여 준다. 몇 년 전 우리나라에서 실시된 밥 실험과 양파 실험에서도 같은 결과가 나왔다.

에모토 마사루 박사는 "물은 의식이 있다."고 말한다. 밥도 양파도 물을 함유하고 있다. 인간의 몸 역시 70퍼센트 이상이 물로 이루어져 있다. 인간뿐만이 아니라 모든 생명체는 다량의 물을 함유하고 있고, 물 없이 살 수 없다. 우리가 생명체를 향해 어떤 말을 할 때, 그 말은 생명체를 구성하는 물 분자에 영향을 미친다. 이에 따라 물 분자의 구조가 변하고 제각기 다른 결정체를 형성한다. 이렇게 형성된 하나하나의 결정체가 모여 결국은 한 생명체의 모습을 만드는 것이다.

'사랑해', '넌 할 수 있어', '멋지구나', '예쁘다'와 같은 말을 많이 들으며 성장한 생명체는 더 사랑스럽고 예쁜 모습을 형성한다. 생명체를 구성하는 물의 분자 구조가 아름답게 변하기 때문이다. 반대로 '미워', '넌 멍청해', '바보 같구나', '짜증나'와 같은 말을 많이 들으며 성장한 생명체는 미운 모습을 형성한다. 생명체를 형성하는 물의 분자 구조가 미운 모습으로 변하기 때문이다. 말에 따라 다른 감정 에너지가 전달되고 그로 인해 물의 분자 구조가 변해서 생기는 현상이다.

세상만물은 모두 에너지로 이루어져 있고, 에너지의 영향을 받는다. 에너지에 반응하는 것이다. 우리는 흔히 말과 글에도 에너지가 포함되어 있다고 말한다. 더 정확하게 표현하자면 말과 글은 인간의 생각과 감정을 표현하는 도구다. 말과 글을 통해 인간은 자신의 생각과 감정을 타인에게 표현하고 전달한다. 이때 말과 글이라는 매개체를 통해 생각과 감정 에너지가 전달된다. 이 에너지의 종류에 따라 물 분자가 다르게 반응한다.

좋은 말을 통해 전달된 좋은 감정 에너지는 물의 분자 구조에 좋은 영향을 미친다. 나쁜 말을 통해 전달된 나쁜 감정 에너지는 물의 분자 구조에 나쁜 영향을 미친다. 어떤 감정이 전달되느냐에 따라 물의 분자 구조는 다른 반응을 일으키고 다른 모습의 물 결정체를 만든다. 그렇게 만들어진 물 결정체들이 모여 그 생명체의 모습을 형성한다. 이 말은 단순히 외모를 의미하는 것이 아니다. 외양과 상관없이 더 사랑스럽고 더 따뜻하게 빛나는 느낌이다. 더 자신감 있고 더 당당하게 반짝이는 느낌이다.

우리가 어떤 언어를
어떻게 사용하느냐는 매우 중요하다.

언어의 온도와 감정의 온도가

비례하기 때문이다.

갓 태어난 신생아를 돌보듯 아이 마음을 돌보다

어린 시절 부모가 아이에게 하는 말들은 얼마만큼의 의미가 있을
까? 어린 시절 부모는 아이에게 세상 전부와 같다. 절대적인 존재
다. 그만큼 위력이 크다. 부모가 아이에게 하는 말들을 가만히 들
여다보면 여러 종류가 있다. 아이에게 상처가 되는 언어, 아이에
게 힘이 되는 언어, 아이의 자존감을 높이는 언어, 아이의 자존감
을 낮추는 언어, 아이를 위축시키는 언어 등 여러 가지가 있다. 나
의 언어 습관을 한번 체크해 보자. 나는 내 아이에게 주로 어떤
언어를 사용하고 있을까? 나도 모르게 아이를 위축되게 하거나
상처 입히는 언어를 사용하고 있지는 않는가.

　무심코 내뱉은 한마디가 아이의 가슴에 어떤 상처를 내고 그
상처가 반복되어 어떤 흉터를 남길지 생각조차 못 하고 무심히
지나치고 있을지도 모른다. 상처가 반복되고 흉터가 남겨지면 성
장하는 내내 아이의 행복을 방해할 수 있다. 아이가 행복하지 못

하면 부모도 행복하기 어렵다. 갓 태어난 아이의 몸을 돌보듯이 아이의 감정과 마음을 돌보자. 부드럽고 세심한 눈빛과 손길로 따뜻한 감정을 담은 부드러운 언어로 아이와 소통하자.

갓 태어난 신생아를 안을 때 대개의 부모는 행여나 아이가 다칠세라 조심조심 보듬는다. 특히나 아직 목을 잘 가누지 못하는 아기를 안을 때는 더 세심한 손길과 몸짓으로 아이를 안는다. 아이들의 마음과 감정도 이와 같이 다룬다. 너무 차갑거나 무심하거나 혹은 뜨거운 감정은 아이의 마음을 다치게 한다. 마찬가지로 너무 차갑거나 무심하거나 뜨거운 언어는 아이의 마음에 흉터를 남길 수 있다. 아이가 자라 혼자 목을 가누고 혼자 바르게 앉고 설 수 있는 신체의 힘을 기를 때까지 조심스럽게 아이를 보듬듯이, 아이의 마음 근육이 튼튼해져서 자존감이 제대로 자리 잡을 때까지 좀 더 세심하고 따뜻하며 부드러운 언어를 사용하는 것이 좋다. 따뜻하고 부드러운 언어를 통해 아이를 향한 부모의 따뜻한 감정이 전달될 것이다. 그 속에서 아이는 안정감 있고 자존감이 충만한 아이로 성장해 나갈 수 있다.

아이의 감정을 존중하고 자존감을 높여 주는 말

아이에게 상처가 되고, 아이를 위축시키며, 아이의 자존감을 낮추는 말에는 뭐가 있을까? 말 속에 사랑과 따뜻함을 담지 않고 함부로 내뱉는 말들이다.

"왜 그렇게 바보같이 행동하니?"

"누굴 닮아 그렇게밖에 못 하니?"

"정말 한심하구나."

"너만 보면 짜증이 나."

"넌 왜 항상 그 모양이니?"

"네가 하는 일이 그렇지, 뭐."

"정말 너를 보면 대책이 없다."

"○○를 좀 봐라. 너랑은 천지 차이다."

"멍청하기는….."

"널 보고 있으면 마음이 답답해."

"아휴, 내가 너 같은 걸 왜 낳았는지….."

"넌 왜 잘하는 게 하나도 없니?"

일상에서 생각 없이 내뱉는 무수히 많은 말들이 있다. 정도의 차이는 있겠지만 우리는 무심코 아이의 감정을 무시하고 함부로 말을 내뱉는다. 그 말들이 솜털처럼 여린 아이의 가슴에 어떤 생채기를 내는지도 모르고.

대개 육아에 지쳐, 내 감정에 치우쳐 그만 자신도 모르게 아이의 마음에 생채기를 내는 말이 불쑥 튀어나온다. 바로 후회가 밀려오지만 한번 내뱉은 말은 주워 담을 수 없는 법. 말이 갖는 힘이 얼마나 큰지 살펴봤듯이 좀 더 조심해서 말을 해야 한다. 아이의 마음을 북돋고 격려하며 행복하게 하는 말들을 사용해 보자. 아이의 감정을 존중하고 자존감을 높여 주는 말들을 사용해 보자.

"사랑해."

"네가 있어서 정말 좋아."

"네가 태어나 줘서 고마워."

"너는 정말 사랑스러운 아이야."

"어떻게 그런 멋진 생각을 할 수 있니?"

"대단하다."

"네가 자랑스러워."

"넌 정말 용감한 아이구나."

"말을 참 예쁘게 하는구나."

"인사를 참 잘하는구나."

"네 노래는 정말 아름다워."

"잘하는 게 많구나."

"멋지다."

역시 무수한 말들이 있다. 부모가 너무 뜨겁지도 차갑지도 않게 알맞은 온도로 따뜻한 감정을 담아 진심 어린 말을 할 때, 아이는 더 사랑스럽고 행복하고 자존감 있는 아이로 자랄 것이다.

모든 표현에는
감정의 온도가 있다

언어에도 온도가 있듯이 우리가 표현하는 모든 비언어적 표현에
도 온도가 있다. 우리는 아무 말을 하지 않고 그저 바라보는 상대
의 눈빛에서도 온도를 느낀다. 손을 잡는 상대의 손끝에서도 온
도가 느껴지고, 목소리에서도 온도를 느낄 수 있다. 이렇게 모든
언어적 표현과 비언어적 표현에는 나름의 온도가 있음을 우리는
안다. 이때 우리가 알아채고 느낄 수 있는 온도란 바로 '감정의
온도'다.

'눈빛이 차갑다' 혹은 '눈빛이 따뜻하다', '눈빛이 뜨겁다'라고

표현할 때 그 안에 담겨 있는 온도는 바로 감정의 온도를 나타낸다. '목소리가 참 정겨워' '목소리가 너무 냉랭해' '손길이 따뜻해' '손길이 차가워' 이런 말들에 담겨 있는 온도 역시 감정의 온도다. 우리는 흔히 상대의 말로 인해 마음의 상처를 받았다라고 생각한다. 하지만 곰곰이 들여다보면 상대의 말 자체보다 그 말이 품고 있는 감정의 온도 때문에 상처 입을 때가 더 많다. 그래서 어떤 말을 하느냐보다 어떻게 말하느냐가 중요하다.

주변의 누군가를 떠올려 보자. 언어 표현이 참 투박하고 거친데도 불구하고 따뜻한 정감이 느껴지는 사람이 있다. 이런 사람들에게 우리는 마음의 상처를 잘 받지 않는다. 그런데 아주 예의 바른 언어 표현임에도 불구하고 냉랭하게 느껴지는 사람이 있다. 때론 비아냥거리거나 무시하는 느낌을 주는 사람도 있다. 또 함부로 판단하거나 평가하거나 저울질하는 느낌이 들게 하는 사람도 있다. 이런 사람들에게 사람들은 마음의 상처를 받고 힘들어한다. 이들의 차이점은 무엇일까? 바로 내면에 품고 있는 감정의 온도 차이다. 일상 속에서 아무렇지도 않게 습관적으로 뱉는 언어 습관이 있는지 돌아보자.

아이를 향한 부모의 감정 온도

부모는 종종 아이를 향한 자신의 감정 온도를 확인해 보는 시간
이 필요하다. 아이에 대해 따뜻한 감정을 가진 부모는 아이를 바
라볼 때 그 눈빛이 따뜻하다. 아이를 어루만지는 손길에서도 따
뜻함이 느껴지고, 아이에게 이야기하는 말투에서도 따뜻함이 묻
어난다. 그리고 그 따뜻함은 숨길 수 없이 있는 그대로 아이에게
전달된다. 마찬가지로 아이를 대하는 부모의 감정에 차가움이나
무심함이 있다면 이 역시 고스란히 전달된다. 아이를 향한 언어
와 몸짓과 눈빛을 통해 가감 없이 아이에게 전달된다.

　아이를 향한 내 감정의 온도는 어디쯤일까? 차가울까, 따뜻할
까. 대부분의 부모는 자신이 아이에게 따뜻한 감정을 가지고 있
다고 생각한다. 하지만 점검해 보면 아닌 경우도 있다. 가끔은 무
심한 감정을 가진 부모도 있고 심지어 차가운 감정을 가진 부모
도 있다. 혹은 너무 뜨거운 감정을 가진 부모도 있다. 너무 뜨거운
감정을 가진 부모 역시 차가운 감정을 가진 부모만큼이나 위험하
다. 왜 위험할까?

　인간의 마음이나 감정이 작용하는 방식은 육체가 작용하는 방
식과 동일하다. 갓 태어난 신생아를 목욕시킬 때 부모는 목욕물

의 온도를 세심하게 체크한다. 너무 뜨겁거나 너무 차갑지 않은 지 손을 넣어 몇 번이나 확인해 본다. 그런 다음에도 아이를 한번에 휙 욕조에 담그지 않는다. 아이가 놀랄까 봐 발끝부터 조금씩 물에 적응할 시간을 주면서 천천히 몸을 담근다. 그런데 왜 아이들의 마음을 다룰 때는 함부로 다루는가? 마음이라는 것이 눈에 보이지 않기 때문에 그 중요성을 간과하는 것이다. 하지만 눈에 보이지 않기 때문에 더 세심하게 다루어야 한다.

아이 몸이 너무 뜨거운 물에 데여 화상을 입으면 부모는 행여 작은 흉터라도 남을까 봐 노심초사한다. 약을 바르고 붕대를 동여매고 깨끗하게 치유될 때까지 세심한 주의를 기울여 관리한다. 그런데 마음의 상처는 눈에 보이지 않기 때문에 그 중요성을 자꾸만 놓친다. 또 부모의 감정 역시 눈에 보이지 않기 때문에 그 감정이 아이들에게 고스란히 전달되고 있음을 잘 인지하지 못한다. 부모의 감정이 따뜻하게 전달될 때 아이는 안정감을 느낀다. 세상은 믿을 만한 곳이라는 무의식적인 신뢰감이 생긴다. 이러한 안정감과 신뢰감은 아이의 성장에 여러 가지 긍정적 영향을 끼친다.

온도의 차이 체크하기

두 명 이상의 자녀가 있을 때 더 세심하게 신경 써야 할 점이 있다. 각각의 아이에게 가는 감정의 온도가 동일한지 수시로 돌아보고 점검하는 시간이 필요하다. 자신도 모르게 감정의 저울이 어느 한쪽으로 기울어 있을 수 있다.

가정에 따라 어느 집에선 큰아이에게 더 많은 사랑과 지대한 관심을 보인다. 더 많은 시간과 더 많은 돈과 더 많은 노력을 투자한다. 또 어떤 부모는 어리고 약하다는 이유로 막내에게 더 깊은 애정과 정성을 보인다. 아픈 아이가 있는 경우도 마찬가지다. 누군가는 아프지 않은 아이를 더 편애하고 아픈 아이를 방치할 수 있다. 또 누군가는 아픈 아이에게 집중하느라 건강한 아이를 방치하는 경우도 있다. 자신의 요구를 주장할 수 없는 어리고 연약한 아이들에게 무관심과 방치는 폭력과 동일하다. 부모에게는 여럿의 아이일지라도 아이 개인의 입장에서는 자신의 인생 전부가 걸린 사랑받을 기회를 잃는 것이다. 아이에게 유년은 단 한 번뿐이고 누구도 지나간 시간을 되돌릴 수 없다. 그러므로 어떤 아이도 다른 아이보다 소홀히 대접받아서는 안 된다. 모든 아이는 제각기 유일무이한 존재로 존중받아야 한다.

부모들이 저지르기 쉬운
실수 중 하나가
어느 한 아이에게
더 많은 관심과 사랑을
주는 것이다.

내가 지금 아이들에게 균등한 사랑을 주고 있는지 살펴보아야 한다. 또한 차별 없는 시선으로 바라보고 있는지 체크해 보는 것이 좋다. 차별 없는 시선이란 비교하지 않는 것이다. 우리는 살면서 숱하게 비교를 당해 왔고, 스스로 남과 비교하기도 한다. 일상에 깊숙이 자리한 비교하는 습관은 아이를 키울 때도 드러난다. 형제자매나 사촌 그리고 이웃의 아이와도 비교한다. 내가 지금 내 아이를 다른 누군가와 비교하고 있지 않은지 점검해 보자.

다음으로 편견 없는 시선으로 바라보고 있는지도 체크해 본다. 편견 없는 시선이란 아이를 바라봄에 있어서 자신의 선호도에 따른 평가를 하지 말라는 것이다. 내가 차분한 아이를 좋아하는데 아이가 활달하다면 나무라기 쉽다. 내가 의사가 될 아이를 원하는데 아이가 그림 그리기만 좋아한다면 화가 날 수 있다. 그런데 이것은 부모의 취향일 뿐이지 아이가 잘못된 것이 아니다.

그러므로 아이를 바라볼 때 자신의 선호도나 바람, 기대에 따른 평가 없이 아이를 있는 그대로 바라볼 수 있도록 부모 자신의 내면을 수시로 체크해 보자. 그러지 않으면 자신의 선호도에 따라 각각의 아이에게 보내는 감정의 온도가 달라질 수 있다.

상황에 따라 달라지는 감정 온도

부모의 감정 상태에 따라 아이에게 보내는 감정 온도가 극심하게 달라지는 경우도 있다. 무릇 모든 온도는 시시때때로 상황에 따라 변한다. 부모의 상황에 따라 아이를 향한 감정 온도도 변한다. 가장 흔한 예로 부부 싸움을 하고 난 후 아이를 향한 감정 온도를 체크해 보자. 부드럽고 따뜻한 상태가 아닐 수도 있다. 물론 부모 역시 감정을 가진 사람이기 때문에 어느 정도의 감정 변화는 있을 수 있다. 하지만 감정의 온도차가 너무 급격하면 아이들 마음이 다친다.

특히 아이가 성취한 결과물에 따라 감정의 온도가 급격하게 변하는 경우도 있다. 아이가 일등을 했을 때와 꼴등을 했을 때, 아이가 어떤 행사에 대표로 뽑혔을 때와 그러지 못했을 때를 생각해 보자. 나의 감정 온도는 어떤가? 한결같은 일관성을 유지하고 있는가? 쉽지 않다. 하지만 그럴 수 있도록 마음을 내어 노력해 보자.

마지막으로 아이를 향한 내 감정의 온도가 알맞게 따뜻한지, 알맞게 시원한지 확인해 보자. 흔히 따뜻한 감정이라고 하지만 때론 따뜻함보다 시원한 감정이 필요할 때도 있다. 추운 겨울날은 따뜻함이 좋지만 더운 여름날은 따뜻함보다 시원함이 더 좋게 느껴지기도 한다. 아이에 대한 감정 역시 마찬가지다. 따뜻한 훈육이라고 하지만 때론 따뜻한 훈육보다 시원한 훈육이 필요할 때도 있다. 따뜻하지만 뜨겁지 않게, 시원하지만 차갑지 않게 감정을 적절히 보여 준다면 아이는 올곧게 자라면서 마음의 근육을 튼튼하게 키워 나갈 것이다. 마음의 근육이 튼튼하게 자리 잡힌 아이는 형제들과의 관계에서도 친구들과의 관계에서도 선생님과의 관계에서도 쉽게 상처받거나 휘둘리지 않고 자신의 길을 찾아가는 아이로 자랄 것이다.

부모로부터 따뜻한 사랑과 존중을 받으며 자란 아이는 자신을 존중하고 타인을 존중하는 자존감 있는 아이로 성장한다. 부모로부터 균등하고 차별 없는 사랑을 받으며 자란 아이는 튼튼한 감정선을 가진 아이로 자란다. 부모로부터 때에 맞는 알맞은 훈육을 받으며 자란 아이는 옳고 그름을 분별할 수 있는 아이로 자란다.

감정을 알아차리면
공감이 이뤄진다

현대인의 키워드는 공감과 소통이다. 그만큼 현대 사회에서 공감
과 소통이 부족하다는 방증이다. 공감과 소통을 잘하기 위해선
먼저 무엇이 선행되어야 할까? 감정에 대한 알아차림이 우선시
되어야 한다. 인간은 언어적 표현과 비언어적 표현을 통해 소통
하고 공감한다. 그런데 언어라는 것은 단순히 사전적 의미의 전
달만이 아니라 그 안에 감정을 포함하고 있다. 같은 언어 표현이
라도 그 심층에 깔려 있는 감정의 색깔과 온도에 따라 아주 다양
한 의미를 포함한다.

우리는 누군가와 대화할 때 상대의 말 자체보다 그 언어의 행간에 녹아 있는 감정을 파악한다. 그다음 파악된 감정을 바탕으로 대화를 풀어 나가야 올바른 공감과 소통을 이끌어 낼 수 있다. 그러자면 상대의 언어 속에 숨겨진 감정의 색깔과 비언어적 눈빛이나 몸짓에 숨겨진 감정의 온도를 잘 관찰할 줄 알아야 한다. 그 감정에 대한 존중을 바탕으로 대화와 상황을 이해해야 한다. 동시에 상대의 감정에 따라 변하는 나의 감정도 알아챌 수 있어야 한다. 감정은 서로 상호작용하며 반응하고 변화하기 때문이다.

특히 아직 언어 표현이 미숙한 아이들을 상대로 육아와 훈육을 할 때는 더더욱 아이의 감정을 세심하게 체크하고 존중한다. 아이의 칭얼거림 안에는 수많은 이야기가 담겨 있다. 아이의 짜증이나 울음 안에 채워지지 않은 아이의 욕구가 담겨 있을 수 있다. 아이의 돌발 행동이나 폭력 행동 뒤에 아이의 두려움이 숨겨져 있을 수 있다. 이런 행동들 뒤에 숨겨진 아이의 욕구나 두려움을 알아채지 못하면 아이와 진정한 소통이 되지 않는다. 소통이 막히면 더 많은 문제가 야기된다.

"어머니, 지금 당장 학교로 좀 오셔야겠습니다."

둘째 아이가 초등학교 4학년 때, 갑작스레 아이의 담임선생님으로부터 연락이 왔다. 다짜고짜 핸드폰 너머로 선생님의 화난 목소리가 쟁쟁하게 들린다. 하지만 나는 곧장 학교에 갈 상황이 아니었다. 그때만 해도 막내 아이가 서울에 있는 시각장애 아동 특수 학교에 다니고 있을 때다. 아침에 학교에 데리고 가면 일과가 끝날 때까지 학교 운동장에서 기다리다가 수업을 마치면 다시 데리고 와야 했다. 집 근처 학교에 다니는 둘째의 학교에 가서 담임 선생님을 만나고 상담을 하려면 왕복 교통 시간을 합쳐 족히 몇 시간이 필요하다. 도저히 막내의 하교 시간 전에 돌아올 수가 없었다. 하교 후에 가려니 선생님 퇴근 시간 전에 도착하기는 불가능한 상황이다. 더구나 이런 돌발 상황에 막내를 맡길 곳도 없다.

어쩔 수 없이 "선생님, 제가 지금 도저히 곧바로 학교에 갈 상황이 못됩니다. 얼마나 화가 나셨는지는 짐작이 가지만 정말 죄송합니다. 일단 전화로 대략의 사정을 말씀해 주시면 내일 찾아뵙겠습니다." 선생님은 엄마가 곧장 달려오지 않는다는 사실에 더 화가 난 듯하다. "아니, 아이에게 일이 생겼다는데, 지금 엄마가 못 온다는 게 말이 됩니까?" 목소리 톤이 점점 더 높아진다. 나도 정말 난감하다. 하지만 나로서도 대안이 없다. 하교 후 시각장애인 아이를 나 몰라라 팽개치고 달려갈 수도 없는 노릇이고. 다시 전화로 사정했다. "네, 선생님 화나신 심정은 충분히 알겠습니다. 하지만 정말 부득이한 사정이 있어서 그러니 노여움을 가라앉히시고 내일 뵙기로 하지요."

엄청나게 화난 선생님께 간신히 요청해 간략하게 사정을 들었다. 내용인즉슨 체육 시간에 운동장에 모이는데 아이가 저만치 뒤쪽에서 어슬렁거리고 앞으로 바싹 다가오지 않더란다. 그래서 손짓으로 앞으로 오라고 했더니 더 멀리 물러섰다. 할 수 없이 큰소리로 말했는데 오히려 더 멀리 뒷걸음질을 친다. 다시 선생님이 앞으로 발걸음을 옮기며 이리 오라고 큰소리를 내니 아이는 오히려 운동장 끝까지 가 버렸다. 선생님은 약이 오르고 화가 나 기어이 쫓아가서 아이를 붙잡았다. 그러자 아이는 소리를 지르며 선생님을 발로 차고 손아귀에서 벗어나려 악을 쓰며 버둥거렸다. 남자 선생님이었으니 완력이 있어 아이는 붙잡힌 손에서 벗어나기 위해 더 세게 발길질을 하고 소리를 질렀다. 기어이 선생님의 손아귀에서 벗어난 아이는 더 멀리 도망쳤다. 급기야 화가 난 선생님은 성난 목소리를 감추지 못하고 엄마를 호출한 것이다.

상황 설명을 듣고 나니 그렇게까지 성난 선생님도, 그런 행동을 한 아이도 이해가 간다. 선생님은 아마 반 아이들이 모두 보는 앞에서 고작 4학년짜리 작은 아이 하나가 앞으로 가까이 나오라는 선생님 말을 듣지 않으니 화가 났을 것이다. 가까스로 아이를 붙잡았는데 소리를 지르며 발길질까지 하고 손아귀에서 벗어나 도망갔다. 그 돌발 행동과 무례함을 도저히 받아 주기 힘들었을 것이다. 선생님의 권위와 어른의 권위에 도전하는 버릇없는 아이로 보였을 것이다. 더군다나 몸싸움을 하다시피 하였으니 정말 화가 머리끝까지 난 상태였다.

그런데 나는 평소 아이의 행동에 비추어 보았을 때, 아이가 왜 그런 행동을 했는지 짐작이 갔다. 두 돌까지 가족과 떨어져 살다가 갑자기 집으로 돌아온 아이는 시시때때로 부모에게 혼났다. 배려받지 못하고 공감받지 못하고 자랐다. 언어 표현이 미숙하여 자신의 감정이나 생각을 명확하게 전달하지 못했다. 자신의 감정이나 생각을 잘 전달하지 못하니 또 혼나고 지적받는 일이 되풀이되었다. 더군다나 장애가 있는 동생으로 인하여 유아 시절을 거의 보호받지 못한 채 방치되어 자랐다.

그런 연유로 누군가 자기를 바라보거나 말을 걸면 일단 혼날까 봐 몸을 움츠린다. 그리고 맞을까 봐 손이 닿지 않는 거리로 물러선다. 그러면서 상대의 표정을 살핀다. 이 사람이 아군인지 적군인지 눈치를 살핀다. 이럴 때 아이의 심리 상태를 잘 아는 사람이라면 먼저 부드러운 표정과 목소리로 아이를 안심시킬 것이다. "혼내는 거 아니야. 지금 모두 같이 운동하려고 하니까 이리

가까이 올래?" 이렇게 부드럽게 말하면 아주 천천히 조심조심 정말 그 말이 맞는지 살피면서 조금씩 다가왔을 것이다. 하지만 상대의 목소리가 커지고 표정이 굳어지면 아이는 놀라서 더 멀리 달아난다. 급기야 상대가 다가와 화난 표정으로 몸을 움켜잡으면 아이는 극도의 공포심을 느낀다. 어떻게든 그 상황에서 벗어나고자 수단과 방법을 가리지 않고 몸을 움직인다. 일단 붙잡힌 손에서 벗어나야 하니 발길질도 서슴지 않는다. 이성적으로 생각해서 하는 행동이 아니라 두려움과 방어 본능에 따른 본능적인 움직임이다.

엄마인 나는 아이의 이런 심리 상태를 짐작하지만 다른 사람들은 당연히 알 수가 없다. 더군다나 4학년 학기 초에 전학 가서 아직 학교와 친구들에게 적응도 되지 않은 상태의 아이를 선생님이 이해하기는 어렵다. 결국 다음 날 학교에 가서 선생님께 진심으로 사죄하고 상황을 말씀드렸다. 아이의 잘못이라기보다는 제대로 양육하지 못한 부모의 잘못이 크다. 그렇게 사건은 일단락되었고, 아이의 과도한 두려움과 방어 본능을 해결하기 위해 나는 더 많은 노력을 기울였다.

아이의 모든 행동에는 나름의 이유가 있다

아이가 바람직하지 않은 행동을 보일 때, 부모는 그 행동 뒤에 숨겨진 아이의 감정을 살펴봐야 한다. 아이의 모든 행동에는 나름의 이유가 있다. 대개의 엄마들은 아기의 울음소리만 들어도 아기가 왜 우는지 알아챈다. 배가 고파서 우는지, 어디가 아파서 우는지, 뭔가 못마땅해서 우는지를 알아챈다. 하지만 직접 키우지 않은 아이는 이해하기가 훨씬 어렵다. 아이의 칭얼거림이나 성냄, 울음의 의미를 빨리 파악할 수 없다. 그나마 시간적 여유나 정신적 여유가 있을 때는 이해하기 위해 노력이라도 한다. 하지만 그조차도 허락되지 않는 상황이면 아이의 짜증에 부모도 짜증으로 반응한다. 이해할 수 없으니 부족한 부분을 채워 줄 수 없고, 채워 줄 수 없으니 아이의 짜증과 울음은 더 커져 간다.

아이는 가능한 한 부모가 키우는 게 바람직하지만 맞벌이가 많아진 요즘 부모가 아이를 키운다는 게 쉽지 않다. 부득이한 상황으로 아이의 양육을 누군가에게 맡기더라도 저녁이나 주말에는 아이와 함께하는 것이 좋다. 아직 부모와의 유대감이 온전히 자리 잡지 않은 어린 시절에 떨어져 있는 시간이 길면 길수록 감정의 교류가 원활하지 않고 소통이 어려워진다. 감정의 소통이 부족하면 엄마도 아이도 힘들어진다. 그러니 아이의 칭얼거림이나 짜증에 대해 무턱대고 혼을 내기에 앞서 한 발짝 물러서서 관찰해 보는 것이 필요하다.

때로 아이의 울음은 부모에게 보내는 신호일 수 있다. 아이의 도움 요청을 알아채고 적절하게 반응해 주자. 처음에는 쉽지 않을 수도 있다. 하지만 아이의 감정에 대한 알아차림 역시 연습으로 가능하다. 아이의 부적절한 행동으로 짜증이나 화가 올라올 때, 혼내고 소리 지르고 싶은 내 마음을 한 번만 내려놓아 보자. 그리고 아이의 눈빛과 몸짓을 애정으로 바라보자.

아이는 지금 무엇을 말하고 싶어 하는가? 아이의 감정은 지금 어떤 상태인가? 저 울음 속에 엄마에게 안겨 있는 동생 대신 한 번만 안기고 싶다는 감정이 숨겨져 있는 건 아닐까? 심술궂은 행동 속에 형이나 언니처럼 나도 칭찬받고 싶은 마음이 감추어져 있는 건 아닐까? 칭얼거림 속에 함께 놀고 싶은 마음이 숨겨져 있는 건 아닐까? 짜증스런 말투 속에 공부가 너무 힘들어 그만하고 싶다는 마음이 감추어져 있는 건 아닐까? 공격성 뒤에 두려움이 숨겨져 있는 건 아닐까? 거친 말 뒤에 부모에 대한 원망이 감추어져 있는 건 아닐까? 장난감을 던지는 행동 뒤에 억울한 감정이 있는 건 아닐까? 소리 지르는 행동 뒤에 창피한 마음이 감추어져 있는 건 아닐까?

조금만 마음의 여유를 가지고 살펴보면 아이의 행동 뒤에 숨겨진 감정을 알아차릴 수 있다. 아이의 불편한 감정 상태가 해결되지 않고 장기간 지속되면 어느 순간 아이의 행동이 거칠어지기 시작한다. 자신을 보호하고 주장하고자 하는 행동 양식으로 변한다. 이때가 되면 아이와 부모의 감정적 거리는 더 멀어진다. 감정적 거리가 멀어진 상태에서 사춘기를 맞게 되면 아이도 부모도 힘들어진다. 아이의 감정을 무시하지 말고 살피면 아이의 마음은 치유되고 더 행복하게 자랄 수 있다. 부모의 적절한 반응과 대응은 아이의 공감 능력을 키운다.

감정 표현하기
연습

큰아이가 열 살, 둘째 아이가 다섯 살 무렵이었다. 밖에서 잘 놀던 아이들이 티격태격 싸우면서 뛰어오는 소리가 집 안까지 들린다. 곧 현관문이 벌컥 열리더니 둘째가 도망치듯 들어오고, 첫째는 화가 나서 동생을 잡으려고 씩씩거린다.

"너, 이리 안 나와! 빨리 나와라."

둘째는 아무 말도 안 하고 내 뒤로 냅다 숨는다. 그래 봤자 다섯 살 아이의 몸놀림이니 야무져 봤자 얼마나 야무지겠는가. 쫓아온 형의 손에 곧 잡힐 듯하자 세차게 몸을 흔들며 큰 소리로 울음을 터트린다.

"너 숨지 말고 빨리 나와서 장난감 가져와. 어서….."

흥분한 두 아이를 가까스로 진정시키고 자초지종을 물었다.

"무슨 일이야? 엄마한테 이야기해야 도와줄 수 있어. 이야기를 해 봐."

"친구들이랑 놀고 있는데 얘가 장난감을 빼앗아 갔어. 그거 내 것도 아니란 말이야. 친구 거야. 돌려줘야 해."

"○○야, 형아 말 들었지? 장난감은 형아 친구 거야. 돌려줘야 하는 거 알지? 이리 줘."

작은아이는 고집스레 입을 꽉 다물고 말을 안 한다. 울면서 고개만 좌우로 흔든다. 아마 손에 장난감이 없는 듯하다.

"○○야, 장난감 어디 있어? 네가 가지고 왔다며? 어디에 뒀어? 잃어버렸어?"

부드럽게 물어보지만 둘째는 더더욱 고집스레 입을 닫고 울음소리만 커져 갔다. 큰아이와 둘째는 참 다르다. 지금처럼 일이 생겼을 때 차분히 물어보면 큰아이는 곧잘 상황을 설명한다. 하지만 둘째는 물어보면 볼수록 입을 굳게 닫고 어떤 답도 하지 않으며 더더욱 심통을 부린다. 할 일이 많고 바쁜 나는 이런 실랑이에 금방 지치고 인내심의 한계에 도달한다. 게다가 아무 답을 안 하는 그 상황이 못내 답답하게 느껴진다. 급기야 조금씩 목소리 톤이 올라간다.

"말을 해야 알지. 도대체 어디에 둔 거야? 울기만 하면 어떻게 해? 그럼 네가 둔 곳에 엄마랑 같이 가 보자. 어디에 둔 건데?"

역시나 말을 안 하고 고개로 도리질만 한다. 아마 어디에 둔 건지 모르는 듯싶다.

"어디에 둔 건지 몰라서 그래? 잃어버린 거야? 그럼 네가 어디쯤에서 잃어버렸는지 같이 찾아보자."

수십 번 질문하고 달래고 다그친 후에 알아낸 사실은 잃어버린 것이 아니라 일부러 던져 버렸다는 것이다. 형아들의 놀이판이 재미있어 보이는데 자기는 끼지 못하고 옆에서 지켜보다 심통이 난 것이다. 잘 놀고 있는 형들의 장난감을 들고 냅다 도망치다 형들이 쫓아오자 뺏기지 않으려고 그냥 획 던져 버렸단다. 그런데 그게 정확히 어디쯤인지 기억하지 못했다. 게다가 화단에는 나무랑 꽃들이 엉켜 있고 장난감 크기가 너무 작아서 찬찬히 찾아도 찾을 수가 없었다. 결국 동생 때문에 친구에게 난처해진 큰아이는 엄청나게 화가 났고, 둘째는 계속 울기만 했다.

사실 다섯 살 동생이 열 살 형들의 놀이에 함께 끼기에는 무리가 있다. 그럴 상황이 아니면 옆에서 보며 즐기는 것으로 만족하든지, 그도 아니면 미련을 버리고 다른 놀이를 하는 것이 좋다. 그래도 함께 놀고 싶으면 형한테 부드럽게 부탁을 해 보면 좋았을 텐데 어디 아이가 그리 이성적으로 행동할 수 있겠는가. 함께 놀고 싶은 감정을 제대로 표현하지 못하고 기분 내키는 대로 행동하니 놀이 욕구도 채워지지 않고 혼나기만 한다. 채워지지 않은 욕구와 부모에게 들은 꾸중으로 아이는 더 심술궂게 변한다. 이런 행동이 반복되면 또래 문화에 적응하기 어려워진다. 친구들도 형들도 함께 놀고 싶어 하지 않기 때문이다. 이런 상황이 이어지면 아이의 자존감 형성에도 부정적인 영향을 미칠 수밖에 없다.

이에 비해 큰아이는 자신의 감정을 잘 표현하고 잘 조절할 줄 안다. 감정을 잘 표현할 줄 아는 아이는 자신의 욕구를 충족시키기 쉽다. 자신의 욕구와 감정을 좀 더 평온하고 합리적으로 표현하기 때문에 받아들여질 확률이 그만큼 높다. 이렇게 자신의 욕구가 잘 충족되기 때문에 더 평온한 감정을 유지할 수 있고 행복감도 높아진다. 하지만 자신의 감정에 대한 표현력이 부족하면 그만큼 욕구를 해결하기 어렵다. 욕구가 충족되지 않으면 불만스런 감정이 생기고 점점 더 분노와 짜증이 많은 아이가 되어 간다. 결국 선순환은 계속 선순환으로 이어지고, 악순환은 계속 악순환으로 이어진다.

같은 부모 밑에서 자랐는데 왜 큰아이와 둘째 아이는 감정 표현에 차이가 있는 걸까? 양육 방법의 차이 때문이다. 성장 과정에서 아이가 자신의 감정을 잘 표현할 수 있도록 부모가 꾸준히 도와줘야 한다. 다섯 살 무렵이면 친구들과 또래 문화가 왕성하게 형성되기 시작하는 나이다. 이 시기에 올바른 감정 표현법을 익힌 아이는 당연히 또래 문화 속에서 더 잘 적응한다. 적응을 잘하는 아이는 또래들에게 더 인기 있고 함께 놀고 싶은 친구가 된다. 이러한 경험이 축적되면 아이는 더 자신감 있고 자존감이 높은 아이로 자란다.

올바른 감정 표현 방법

올바른 감정 표현 방법에는 어떤 것들이 있을까? 차례차례 살펴보자.

첫째, 명확한 언어 표현법이 필요하다. 우리는 흔히 내가 콕 집어 말하지 않아도 상대가 미루어 짐작해 주길 바라는 마음이 있다. 하지만 언제나 상대의 마음이 나랑 같은 방향으로 움직이는 것은 아니다. 우리나라 속담에 '열 길 물속은 알아도 한 길 사람

속은 모른다.'라는 말이 있다. 그만큼 사람의 속마음은 알기가 어렵다. 그러니 명확한 결과를 원한다면 명확한 언어로 표현해야 한다. 내가 원하는 것이 있다면 정확한 언어로 요청해야 원하는 것을 얻을 수 있는 확률이 높아진다.

둘째, 내 감정 전달법이다. 현재 내가 어떤 감정인지 언어로 표현할 수 있어야 한다. 같이 놀고 싶은 건지 아닌지, 기분이 좋은지 나쁜지, 무엇 때문에 화가 났는지, 왜 짜증이 나는지 이런 감정들을 언어로 표현할 수 있어야 한다. 언어는 사람과 사람 사이의 약속이다. 언어로 표현하지 않으면 상대방은 내 감정 상태와 이유를 정확히 알기 어렵다.

셋째, 바른 언어 사용법이다. 내가 원하는 것과 현재 나의 감정 상태를 상대에게 표현하되 바른 언어를 사용한다. 언어에 짜증과 화를 담지 말고 담백하게 표현한다. 거친 언어나 욕설을 사용하는 것은 바람직하지 않다. 사람은 감정에 반응한다. 언어 속에 짜증과 화의 감정이 담기면 상대의 감정도 짜증과 화로 반응할 가능성이 높다. 특히나 거친 언어나 욕설은 상대의 감정을 자극하여 점점 더 내가 원하는 결과에서 멀어지게 한다.

형들이랑 같이 놀고 싶으면 순하고 예쁜 말투로 "형, 너무 재미있어 보여. 나도 같이 놀고 싶은데 끼워 주면 안 돼?" 이렇게 물어볼 수 있게 가르친다. 물론 거절당할 수도 있다. 하지만 그건 그다음의 일이다. 일단은 자신이 원하는 것을 정확하고 부드러운 언어로 표현할 수 있어야 한다. 그런데 왜 아이는 그렇게 표현하지 못했을까? 경험이 부족하기 때문이다. 연습이 부족하기 때문이다. 한편으로는 거절당하는 데 대한 두려움이 있어서다. 경험과 연습의 부족, 그리고 거절당함에 대한 두려움은 부모의 양육 태도와 밀접한 관계가 있다.

모든 아이들은 백지 상태로 태어난다. 순진무구한 하얀 도화지와 같다. 보고 듣고 경험을 통해 배우고 익히면서 자신만의 표현법을 구축해 나간다. 부모의 부드럽고 따뜻한 언어에 노출되어 자란 아이는 자연스레 부드럽고 따뜻한 언어를 구사한다. 어려서부터 자신의 감정을 존중받고 자란 아이는 자신감이 있고 거절에 대한 두려움이 없다. 하지만 부모에게 거칠고 무심한 언어를 듣고 자란 아이는 거칠고 무심한 언어를 구사한다. 언어 자극이 부족한 환경에서 자란 아이는 당연히 언어 표현이 미숙하다. 또한 어려서부터 자신의 감정을 존중받지 못하고 자란 아이는 매사 자신감이 없고 거절에 대한 두려움을 가진 아이로 성장한다. 원하는 것이 있어도 선뜻 요구하지 못한다. 내 의견이 거절당할지도 모른다는 두려움 때문에 시도조차 해 볼 수 없다. 자라면서 자신이 요구한 무언가를 부모에게 반복적으로 거절당한 경험이 있는 아이는 자연스럽게 이렇게 생각한다.

'분명히 또 안 된다고 할 거야.'
'안 된다고 하면 어떡하지….'
'겨우 용기를 내어 말했는데, 안 된다는 답을 듣게 되면 어쩌지. 창피해.'
'어차피 안 될걸 굳이 시도할 필요가 있을까?'

이런 생각으로 표현하지 못한 욕구들이 가슴속에 쌓여 불안으로 변질된다. 이러한 불안은 아이의 모든 생각과 행동 속에 스며들어 아이를 더더욱 불행하게 한다. 아이가 거절당하는 것에 대한 두려움이 있다면 아이의 작고 사소한 요구에 귀 기울이고, 가능하면 들어준다. 자신의 요청이 받아들여지는 경험이 쌓이면 아이가 달라진다. 들어줄 수 없는 요청이라면 아이가 상처받지 않게 이야기해야 한다. 아이와 눈을 맞추고 사랑과 애정을 담아 받아들일 수 없는 이유를 제대로 말해 준다. 자신의 요청이 부모에게 받아들여지고, 타인에게 받아들여지는 경험을 충분히 한 아이는 어느 순간 거절당하는 일에 대한 두려움을 떨칠 수 있다. 이 과정을 통해 아이의 불안감은 줄어들고 자존감은 회복된다.

자존감은 마음의 근력과 같다. 튼튼한 자존감을 가지고 있는 아이는 혹여 거절당하는 순간이 올지라도 흔들리지 않고 자신을 지켜낼 힘이 있다. 누구나 거절당할 수 있다. 거절을 경험하지 않은 사람이 어디에 있겠는가? 시도해 보지 않고 포기하는 것보다, 거절당할지라도 시도해 보는 쪽이 훨씬 낫다. 아무것도 하지 않으면 아무 일도 일어나지 않는 법이니까. 물론 거절이 확실한 경우에 일부러 시도해서 마음에 생채기를 만들 필요는 없다. 하지만 대개는 가능함에도 불구하고 해 보지도 않고 후회와 미련을 가슴속에 품고 살 때가 많다. 표현되지 못한 욕망은 마치 비 오는 날 축축한 옷을 입은 듯 무겁고 쾌적하지 않은 감정 상태를 유발한다. 그러니 아이에게도 거절에 대한 두려움을 내려놓고 용기를 내어 시도해 보는 연습과 격려가 필요하다. 되든 안 되든 시도해 보고 깔끔하게 정리하는 것이 훨씬 쾌적하다.

부모의 감정 조절과
아이의 자존감은 비례한다

나는 선천적으로 아버지의 기질과 성격을 많이 닮았다. 그런데 아버지는 자신과 닮은 나의 기질과 성격을 탐탁스러워 하지 않았다. 나로서는 억울하기 그지없는 일이다. 내가 그런 성품을 원해서 그렇게 태어난 것이 아니라 유전적 요소인데 못마땅해 하고 꾸중하니 납득하기 어렵다. 어머니 역시 아버지의 성격을 마땅찮아 하셨고, 아버지를 닮은 내 기질을 마뜩잖게 생각하셨다. 딱히 두 분이 화목하지 않은 것은 아니었다. 어머니를 향한 아버지의 변함없는 사랑은 결혼 후 50년이 지난 지금까지도 그대로다. 덕분에 나를 비롯한 두 동생과 함께한 우리 가족은 여느 집보다 훨씬 더 우애 있고 화목하고 돈독한 관계를 유지하고 있다.

그러나 어린 시절 나의 내면은 평화롭지 못했다. 아버지의 기질적 특성을 흡족해 하지 않으신 어머니의 나를 향한 사랑이 끊임없이 나를 바꾸려는 시도로 변형되었기 때문이다. 결국 나는 아버지를 닮은 선천적 기질과 어머니를 닮은 후천적 기질을 모두 포함한 아이로 성장했다. 그 결과 친가 쪽 친척들은 나를 볼 때마다 어머니를 쏙 빼닮은 말투와 행동에 애석함을 드러냈다. 반면에 외가 쪽 친척들은 나를 볼 때마다 아버지를 쏙 빼닮은 내 성격과 외모에 안타까움을 드러냈다. 결국 나는 그 어느 쪽도 만족시키지 못한 아이로 자라났다. 당연히 아버지와 어머니는 나를 많이 사랑했고 더 나은 사람, 더 사랑스런 아이가 되길 원하셨다. 그 사랑은 나를 변화시키려는 지속적인 노력, 꾸중과 지적으로 표현되었다. 그 결과 나는 타고난 본성대로 평화롭고 자연스럽게 자라날 기회를 잃어버렸다.

이런 과정 속에서 어린 내가 받은 느낌은 있는 그대로의 나를 사랑하지 않는 부모의 끊임없는 지적과 비난과 억압이었다. 두 분은 수시로 나의 부족함을 일깨웠고, 그것이 나를 올바르게 지도하는 거라고 생각하셨다. 나라는 존재가 있는 그대로 받아들여지지 않는다는 느낌은 나 역시 내 부모를 있는 그대로 받아들일 수 없게 만들었다. 부모가 내게 이런저런 자녀가 되기를 요구하는 만큼, 나 역시 내 부모가 이런저런 부모였으면 좋겠다는 바람을 갖게 했다. 부모님은 내가 좀 더 부드럽고 순한 성품을 가진 아이가 되길 원하셨다. 나는 내 부모가 평가와 판단 없이 있는 그대로의 나를 사랑해 주는 좀 더 순박하고 따뜻한 부모이길 원했다.

물론 이러한 내적 욕구가 겉으로 드러날 만큼 심각한 것은 아니었다. 상황의 전개와 그 안에 내재된 복합적인 감정들을 이해하고 분석하기에는 내가 너무 어렸기 때문이다. 모든 아이는 스스로의 관점이 정립되기 전까지 부모의 관점으로 상황을 해석하고 이해한다. 나 역시 부모님의 관점과 나의 관점이 다를 수 있다는 것을 그 당시에는 몰랐다. 하지만 그렇기 때문에 더 위험하다. 어떤 아이도 언제까지나 아이로 남아 있지는 않기 때문이다. 아이가 성장해 언젠가는 갇혀 있던 알을 깨고 나오는 시기가 도래한다. 하나의 세계를 깨고 나오는 아픔을 통과하면서 아이는 자신만의 세계를 형성해 나간다.

감정에 휩싸인 부모의 화는 아이의 자존감을 떨어뜨린다

우주는 언제나 내가 준 만큼 되돌려 준다. 내가 누군가에게 순수하고 온전한 사랑을 주지 못했다면, 나 역시 순수하고 온전한 사랑을 돌려받을 수 없다. 부모와 자녀와의 관계도 마찬가지다. 부모가 자녀에게 무조건적인 사랑과 신뢰를 보여 주지 않는다면, 자녀 역시 부모에게 무조건적인 사랑과 존경을 보여 주지 않을 것이다. 이건 앙갚음이나 보복의 문제가 아니다. 인간의 심리 측면에서 볼 때 자연스런 흐름이고 자연의 섭리다. 감정은 일방통행이 아니라 양방통행이기 때문이다. 아이를 키우면서 부모의 감정 조절이 중요한 이유다. 자신의 선호도에 따라서 함부로 아이를 평가하고 비난하는 행동은 바람직하지 않다. 아이의 기질을 무시하고 자신의 취향에 맞는 아이로 변형시키려는 시도 역시 옳지 않다. 무모하고 어리석은 시도는 결국 실패할 수밖에 없다. 그 과정 속에서 아이와 부모 모두 상처만 남고 행복할 수 없다.

어린 시절, 난 어머니와 떨어지는 게 무서워 울음을 그치지 않는 겁 많고 예민한 아이였다. 그런 나를 보고 화가 난 아버지는 많은 사람들이 보는 앞에서 버릇을 고치겠다며 울음을 그칠 때까지 오랜 시간 어린 나를 나무 기둥에 거꾸로 매달아 두었다.

한번은 친구들과 어울려 놀이에 몰두해 있는데 아버지가 나를 불러 심부름을 시켰다. 어린 마음에 모두 재미있게 노는데 나 혼자 무리에서 빠져나오는 것이 싫어 잠시 미적거렸다. 아버지는 즉각 심부름을 하지 않는다고 화를 내시며 친구들 앞에서 나에게 손을 높이 들고 꿇어앉는 벌을 내렸다.

언젠가는 아버지가 준비해 주신 학교 과제물을 가져가지 않았다는 이유로 커다란 기름통 위에 벌을 세우셨다. 여기저기 박혀 있는 돌덩이들로 고르지 않은 바닥 때문에 기우뚱기우뚱 흔들리던 기름통 위에서 느꼈던 불안감이 지금까지도 생생하게 느껴진다. 내 키보다 더 높은 기름통 위에서 벌을 서며 느꼈던 복잡했던 감정들. 그 와중에 동네 어른들이 오며가며 한마디씩 건네던 농담들은 또 어린 나를 얼마나 곤욕스럽게 하던지….

가만히 생각해 보면 아버지는 내가 당신의 뜻대로 되지 않을 때마다 화를 내셨다. 그럴 때면 버릇을 고친다며 많은 사람들이 보는 가운데 벌을 세우고, 그 이야기를 두고두고 자랑삼아 말씀하셨다. 그리고 그것이 당연히 자식을 바르게 가르치고 교육시키는 방법이라고 여기셨다. 하지만 로봇이 아닌 살아 있는 아이가 어떻게 매 순간 시키는 대로 원하는 대로 움직일 수 있겠는가. 과연 아버지의 교육법은 성공했을까? 성공하지 못했다. 거의 성인이 될 때까지 아버지는 내게 두려움의 대상이었다. 부모와 자녀 사이에 공포와 두려움이 존재하는 관계가 바람직할까? 일련의 과정들을 겪으며 나의 감정은 어떻게 손상되고 자존감은 어떻게 형성되었을까?

물론 이러한 감정들을 들여다보고 이해하는 과정을 통하여 나는 더 성장했다. 그러한 모든 경험들은 나에게 마음공부의 폭을 넓혀 주었다. 또한 내담자들의 상황을 더 쉽게 이해하고, 더 많이 공감하고, 더 깊게 들여다볼 수 있게 하는 계기가 되었다.

나 역시 아이를 키우면서 이런 시행착오를 거쳤다. 내 손으로 키우지 못한 둘째 아이가 어느 날 갑자기 내게로 돌아왔을 때, 난 그 아이의 행동과 언어 모든 것을 이해할 수 없었다. 더 깊고 부드러운 눈빛과 마음으로 그 아이를 돌봐야 했는데, 그럴 마음의 여유가 없었다. 그 아이는 어느 날 갑자기 마주하게 된 낯선 부모와 형제 속에서 당황스럽고 외로웠을 것이다. 자신을 제외하고 이미 친밀하게 형성된 가족 관계 속에서 자신을 당당하게 표현하기에는 어려움이 있었을 것이다. 익숙한 공간과 익숙한 사람들로부터 갑작스러운 결별은 가슴속에 상처로 남았을 것이다. 낯선 공간과 낯선 가족들 속에서 두려움과 공포가 엄습했을 것이다.

하지만 이제 막 두 돌이 지난 둘째는 그 모든 감정을 표현할 능력이 없었다. 그저 무의식 속에 불안하고 혼돈스러운 감정들을 꾹꾹 눌러 저장했다. 아이의 힘으로 할 수 있는 것은 울음뿐이었다. 그 울음은 자신을 좀 더 안아 주고 부드럽게 돌봐 달라는 유일한 표현이었다. 그렇지만 갓 태어난 장애 아이로 인해 넋이 나간 우리 부부에겐 아이의 감정 상태가 눈에 들어오지 않았다. 그러니 울음을 받아 줄 여유가 없었다. 혼내고 윽박지르고 억압하고 말았다. 그러면서 말 잘 듣는 아이가 되라고 요구했다.

말 잘 듣는 아이란
부모를 힘들게 하지 않는 아이라는 뜻이다.
부모를 힘들게 하지 않는 아이란 어떤 아이일까?
주는 대로 잘 먹고, 잘 자고,
고집부리지 않고, 칭얼거리지 않고,
말썽부리지 않는 아이다.
있는 듯 없는 듯 눈에 거슬리지 않게
자신의 일은 알아서 하면서 조용히 있는 아이다.

그게 두 돌짜리 아이에게 가능하기나 한 요구인가? 조금만 합리적으로 생각해 보면 애초에 실현 불가능한 요구라는 것을 알 수 있다. 우리가 누군가에게 무언가를 요구할 때는 먼저 그것이 실현 가능한 일인가를 생각한 후에 요구해야 한다. 그래야 갈등을 최소화할 수 있다. 세 살짜리 아이에게 말도 안 되는 요구를 한 우리 부부는 얼마나 부족한 부모였을까? 한참의 세월이 흐른 후에야 무언가 잘못되고 있다는 걸 깨달았다. 매일 윽박지르고 혼내는 과정 속에서 망가져 가는 아이가 그제야 눈에 들어왔다.

어린 시절 부모의 감정 조절은 아이의 자존감에 직접적인 영향을 미친다. 부모가 원하는 대로 아이가 행동하지 않는다고 해서 윽박지르고 체벌을 가하는 건 옳지 않다. 아이의 행동 뒤에 숨겨진 감정을 존중하지 않고 어른의 입장에서 일방적으로 억압하는 건 아이에 대한 폭력이다. 아이가 뜻대로 움직이지 않는다고 해서 아이에게 화를 표출하는 것 또한 마찬가지다. 부모가 자신의 감정을 조절하지 못하고 쏟아부은 감정은 아이의 마음을 다치게 하고 자존감을 손상시킨다. 조절되지 않고 쏟아부은 감정은 대체로 너무 뜨겁거나 차갑기 때문이다. 부모는 감정이 올라오는 순간 알맞은 온도로 식혀지거나 데워질 때까지 기다릴 수 있는 마음의 힘을 길러야 한다. 알맞게 따뜻한 온도로 조절이 되었을 때, 아이를 위한 올바른 훈육이 가능하다. 부모의 감정 조절은 아이의 자존감과 비례한다.

감정 존중 대화법 5단계

감정을 존중하는 기본적인 대화법은 아주 단순합니다. 아이가 이야기할 때 적절한 관심을 보여 주세요. 그다음 무언가 가르쳐 주거나 지시하고자 하는 마음을 내려놓고 가볍게 인정하고 공감해 주면 됩니다. 마지막으로 상황에 따라 적절한 해결법을 제시합니다.

1단계 〈관심 표현〉 "그래?"

2단계 〈상황 인정〉 "그랬구나."

3단계 〈감정 공감〉 "속상했겠다", "슬펐겠다", "창피했겠다", "신났겠다", "좋았겠다"

4단계 〈상황 공감〉 "엄마도 예전에 그런 일이 있었는데 정말 창피하더라."

5단계 〈해결법 제시〉 "그럼 이렇게 해 보면 어떨까?", "그럴 때는 이렇게 하면 좋더라."

1단계는 정말 쉽습니다. 그냥 아이의 이야기에 "그래?" 하며 관심을 표현해 주면 됩니다. 물론 건성으로 하는 반응은 좋지 않습니다. 오히려 아이를 더 화나게 하거나, 부모와의 소통에 대해 좌절감을 안겨 줄 수 있습니다. 아이의 표정과 어투를 살펴서 애정과 관심을 담아 반응하는 것이 좋습니다. 아이는 기분 좋은 일로 부모와의 대화를 원할 수도 있고, 슬프거나 화가 나서 부모의 관심을 원할 수도 있습니다. 아이의 표정에 알맞은 표정으로 반응해 줍니다.

2단계는 "그랬구나."라는 말로 일단 아이의 상황을 있는 그대로 인정해 줍니다. 관심을 가지고 진지하게 잘 듣고 있다는 표현을 합니다. 진지하지만 심각하지는 않게 반응하는 것이 좋습니다. 어떤 일에 대해 부모가 필요 이상으로 심각하게 반응하면 아이 역시 사실보다 더 심각하게 상황을 받아들일 수 있습니다. 약간은 가볍고 유쾌한 느낌으로 있는 그대로의 상황을 이해해 줍니다.

3단계는 감정 공감입니다. 아이의 감정을 잘 파악하여 공감의 언어로 표현해 줍니다. "억울했겠다", "속상했겠구나", "기분이 좋았겠네" 이런 표현 앞에 강조 표현을 가끔씩 넣어 주면 더 좋습니다. "정말 속상했겠구나", "많이 슬펐겠다", "엄청 화났겠네", "진짜 신났겠구나" 이 정도만 공감해 줘도 아이는 자신의 감정을 존중받고 있다고 느낍니다. 이는 내가 부모로부터 이해받고, 지지받고 있다는 생각을 갖게 합니다. 아울러 억울하고 슬펐던 감정에 대한 위안과 치유가 자연스럽게 됩니다.

이 단계까지 진행한 후 상황에 따라 멈출 수도 있고 조금 더 대화를 진행할 수도 있습니다. 아이의 성향에 따라 더 깊은 대화를 원할 수도 있고 원하지 않을 수도 있습니다. 손상된 아이의 감정이 충분히 회복되었다 싶으면 이 단계에서 멈추어도 좋습니다. 하지만 뭔가 부족한 느낌이 들거나 아이가 좀 더 깊은 위로와 대화를 원한다면 4단계로 넘어가세요.

4단계는 상황에 대한 좀 더 깊고 구체적인 공감입니다. 비슷한 경험을 한 적이 있다면 아이에게 들려줍니다. 살면서 어느 때인가 겪었던 비슷한 상황과 감정을 이야기해 주면 됩니다. 이때 역시 가장 중요한 것은 무겁지 않게 가볍게 접근하는 것입니다. 너무 심각하거나 가르치려는 태도는 오히려 분위기를 무겁게 합니다. 재미있는 에피소드를 이야기하듯 가벼운 느낌이 좋습니다.

막연히 "엄마도 어릴 때 그런 일이 있었는데 엄청 속상했었어."라고 말하는 것은 효과가 적습니다. '그런 일'이 어떤 일인지 구체적으로 이야기하는 것이 더 효과적입니다. "그래. 맞아. 엄마도 예전에 친구랑 오해가 생겼는데, 화해할 타이밍을 놓쳐서 너무 속상했었어. 그때 어떤 일이 있었냐 하면 비가 많이 오는 날이었는데…." 아이는 이야기를 들으면서 미처 몰랐던 엄마의 어린 시절을 듣고 상상하는 재미에 빠질 수도 있습니다. 또한 엄마에게 자신이 더 깊게 공감받고 이해받고 있다는 느낌을 가질 수도 있습니다. 친밀감과 동질감을 느낄 수도 있습니다. 그러면서 자신의 상황이나 감정을 더 객관적으로 바라볼 수도 있습니다. 또 자신의 힘든 감정에서 더 쉽게 빠져나올 수도 있습니다.

"엄마가 어릴 때도 비슷한 일이 있었는데 엄마도 그때 너무 창피했어. 준비물을 못 챙겨 가서 선생님께 혼날까 봐 거짓말을 했었는데 그만 들켜버렸지 뭐야. 창피하고 속상해서 집에 와서 막 울었어. 엄마는 그때 용기가 없어서 끝까지 사실대로 말하지 못했는데, ○○는 나중에라도 이야기한 걸 보니 대단하구나. 멋있다. 정말 잘했어.""아빠도 회사에서 선배가 함부로 반말하고 무시하는 행동을 할 때 엄청 화가 나더라. 그래도 ○○는 이 정도로 잘 조절하는 걸 보니 대견한데…." 이렇게 한번쯤 칭찬해 주는 것도 좋습니다. 가끔은 이런 공감과 칭찬이 마음의 위안이 되고 힘이 됩니다. 물론 매번 그럴 필요는 없습니다. 모든 일에 대해서 칭찬을 바라는 아이로 자라는 것도 바람직하지 않기 때문입니다. 아이의 감정 상태를 잘 살피면서 때로는 따뜻한 격려와 칭찬으로 마음의 힘이 회복될 수 있도록 도와줍니다. 이 단계까지 진행했음에도 좀 더 이야기할 필요가 느껴진다면 다음 단계로 넘어가세요.

5단계는 해결 방법을 제안하는 것입니다. 직접 해결해 주려고 애쓰지는 마세요. 그저 가볍게 몇 가지 해결 방법을 툭툭 던지듯이 제안하되 실천할지 말지는 오로지 아이의 몫으로 남겨 두세요. 어떤 선택을 하든 아이 스스로 선택하고 결정하는 힘을 기르는 기회를 줍니다.

"친구에게 진심을 담아 편지를 써 보거나 친구가 좋아하는 초콜릿을 선물해 보는 건 어떨까?", "집에 초대하는 방법도 있고, 생일 파티에 초대하는 방법도 있겠다.", "제일 중요한 건 힘들더라도 솔직하게 사실대로 말하는 거야. 얼굴 보고 말하기 힘들면 핸드폰 통화나 카톡 대화도 괜찮지 않을까?", "엄마는 너무 속상할 때 음악을 듣든지 실컷 울면 좋아지던데, 넌 어때?" 혹은, "아빠는 화가 날 때 축구를 하거나 달리기를 하면 화가 가라앉던데, 너도 해 볼래?" 이런 제안도 괜찮습니다.

아이에게 어떤 도움을 원하는지 직접 물어보는 것도 좋은 방법입니다. "엄마가 도와주고 싶은데, 어떻게 도와주면 좋을까?", "아빠가 어떻게 해 주면 기분이 좋아질 것 같아?", "원하는 도움이 있으면 이야기해 볼래?" 상황에 따라 아이가 원하는 도움이 있으면 지원해 주세요. 또 분위기 전환을 위해 다른 화제로 넘기는 것도 좋은 방법입니다. "기분 전환으로 매운 떡볶이 먹을까?", "아이스크림 하나 먹을래?", "엄마랑 영화 한 편 볼까?", "아빠랑 공원 한 바퀴 돌까?" 이러한 대화를 통해 아이의 감정은 한결 회복될 것입니다.

1단계부터 3단계까지는 매번 사용해도 좋고, 4단계와 5단계는 어쩌다 사용하는 게 더 효과적입니다. 매번 이 과정을 거치면 하나의 공식처럼 자리 잡아 적극적인 관심과 물질적 보상이 없을 땐 더 화가 나는 상황을 유발할 수도 있습니다. 그러니 아이의 상황에 따라 적절하게 적용합니다.

한편 성향에 따라 어떤 일이 일어났을 때 곧바로 이야기하는 아이들이 있고, 한참 시간이 지난 후에 이야기하는 아이들도 있습니다. 전자는 이야기를 하면서 자신의 감정을 풀어내고 그러한 과정을 통하여 자신의 생각과 감정을 정리하는 유형입니다. 후자는 자신의 내면에서 들끓는 감정이 웬만큼 잦아들고 정리가 된 후에 이야기를 하는 유형입니다. 어떤 유형의 아이든지 중요한 것은 가슴속에 감정의 잔여물이 너무 오랫동안 남아 있지 않도록 도와주는 것입니다. 불쾌한 감정의 찌꺼기를 정리하지 않고 오랫동안 남겨 두면 아이의 감정 주머니가 무거워지고 힘들어집니다. 감정 주머니가 무거워지면 아이의 밝고 환한 웃음을 방해합니다. 그러니 손쉬운 5단계 대화법을 사용해 아이의 감정 주머니가 쾌적하게 유지될 수 있도록 도와주세요. 아이의 마음이 더 평화로워지고, 아이의 삶이 더 행복해집니다.

3장

부모가 버려야 할 감정 vs. 키워야 할 감정

나는 아이를
제대로 사랑하고 있는가

오래전 일이다. 큰아이가 중학생이었을 때, 민사고 진학을 준비했다. 거의 3년을 우리 집의 모든 시스템이 큰아이 위주로 돌아갔다. 아이도 나도 정말 최선을 다 했다. 내신 성적이 최상위권이라 1차 서류 심사는 가볍게 통과했다. 2차 시험도 가볍게 통과했다. 하지만 3차 면접에서 최종 불합격을 했다. 불합격 발표가 난 날 난 잠을 이룰 수가 없었다. 가슴이 답답하고 숨이 막혀 왔다. 마치 가슴에 커다란 바윗덩이 하나가 짓누르는 것 같은 느낌이었다. 아무리 몸이 지치고 힘들어도 나지 않던 코피가 갑자기 터져 나왔다. 밖에 나가기도 싫었다. 아이와 나를 아는 이웃 사람들도 마주치기 싫었다. 아이 친구 엄마들도 만나고 싶지 않았다.

어쩌면 나보다 더 지치고 좌절했을 아이를 위로하고 힘이 되어 줘야 했는데, 겉으로만 그럴 뿐 속마음은 그렇지 않았다. 이러한 증상은 거의 3주간 계속되었다. 그때 나는 깨달았다. 내가 아이에게 집착하고 있었음을…. 더 정확히 말하면 아이의 성적과 진학에 집착하고 있었음을…. 말로는 성적이 전부가 아니라고 했지만 아이에 대한 나의 기대는 사랑을 넘어 집착이었던 것이다.

물론 나 역시 아이를 사랑했지만 진정한 사랑이란 무게감이 없어야 한다. 이것이 어렵다. 대다수 부모들은 아이와 심리적으로 너무 밀착되어 있어서 집착 없는 사랑을 하기가 쉽지 않다. 하지만 아이가 자유롭게 자신의 삶을 살 수 있으려면 부모가 집착 없는 사랑을 해야 한다. 난 이런 사랑을 '무게감 없는 사랑'이라고 표현한다. 이때의 일을 계기로 무게감 없는 사랑, 집착 없는 사랑에 대해 깊이 생각해 보게 되었다.

결국 우리는 경험을 통해서 성장한다. 아이가 성장하는 속도에 맞춰 부모도 함께 성장한다. 아니 성장해야 한다. 그래야 아이도 부모도 서로에게 묶이지 않고 자신의 삶을 살 수 있다. 사실 자녀에 대한 기대감에는 자녀를 위해서라는 명목 아래 부모의 자존심과 욕망이 숨겨져 있다. 자신의 내면을 잘 살펴보자. 아이에 대한 기대 속에 자신의 자존심과 욕망이 투영되어 있지 않다고 단언할 수 있는가. 많은 부모들이 이렇게 자신의 욕망에서 비롯된 '집착'을 '사랑'이라는 말로 포장한다. 착각하지 말자. 그건 사랑이 아니다. 욕망에서 비롯된 집착일 뿐이다. 그런데도 대다수 부모들이 자신의 욕망과 집착을 알아채지 못하고 사랑이라고 착각한다. 자기 자신조차 속고 있는 것이다.

집착 없는 사랑

사랑과 집착은 어떻게 구분할 수 있을까? 아이가 무엇인가에 도전하고 실패했을 때, 순수하게 위로와 격려를 보낼 수 있다면 집착 없는 사랑이다. 하지만 그때의 나처럼 몸이 아프고 잠을 이루지 못하는 증세가 나타나면 집착이다. 이 집착을 부모 스스로 알아차리고 경계해야 한다. 이 일을 계기로 나는 내 안에 있는 집착을 알아차릴 수 있었다. 이 알아차림 덕분에 집착을 내려놓으려 노력했고 많은 부분 내려놓을 수 있었다. 그리하여 큰아이가 대학을 준비할 때는 훨씬 더 느긋한 마음으로 바라볼 수 있는 여유가 생겼다. 이 경험은 둘째 아이와 셋째 아이를 키우는 데도 여유를 가지고 키울 수 있게끔 해 주었다. 어떻게 하면 아이에게 무게감 없는 사랑, 집착 없는 사랑을 줄 수 있을까?

첫째, 자신의 내면에 숨은 욕망과 집착을 알아차리고 인정해야 한다.

욕망과 집착은 인간의 삶을 무겁게 하고 힘들게 하는 감정이다. 집착을 내려놓아야 삶이 가벼워지고 자유로워지고 행복해진다. 내려놓기 위해서는 먼저 자신이 그것을 가지고 있다는 것을 알아야 한다. 때로 우리는 자신의 등 뒤에 무거운 짐이 매달려 있다는 것조차 감지하지 못하고 힘겨워하기 때문이다.

둘째, 가슴 밑바닥까지 진실로 자신에게 솔직해야 한다.

무엇이 자신을 짓누르고 있는지 알기 위해서는 나 자신에게 철저하게 정직해야 한다. 자신에게 거짓말하지 말아야 하고, 자신에게 핑계대지 말아야 한다. 자신의 욕심을 아이를 위해서라고 합리화하지 말아야 한다. 집착을 사랑이라고 변명하지 않아야 한다.

셋째, 미래에 대한 불안감을 내려놓아야 한다.

삶에 대한 불안감을 내려놓아야 한다. 나의 삶에 대해서도 아이의 삶에 대해서도 온전한 믿음을 가져야 한다. 미래는 그 누구도 예측할 수 없다. 하지만 가장 완전한 방식으로 펼쳐질 것임을 믿어야 한다.

넷째, 아이에 대해 절대적인 신뢰를 가져야 한다.

내 아이는 완전한 씨앗으로 태어났고, 때가 되면 자신의 꽃을 피우고 열매를 맺을 것임을 신뢰해야 한다. 부모의 역할은 아이가 씨앗을 틔울 때까지 묵묵히 기다려 주는 것이다. 따뜻한 마음으로 지지하고 응원해 주는 것이다. 뜨겁지도 않고 차갑지도 않게 담백한 마음으로 바라봐 주는 것이다.

다섯째, 놀이를 허용하는 것이다.

아이에게 놀이와 게으름을 허용하는 것이다. 대다수 부모들이 무엇이든 열심히 하는 자녀에겐 간식이라도 하나 더 주고 말도 더 따뜻하게 나간다. 뒹굴뒹굴 놀고 있는 아이에겐 말이 곱게 나가지 않는다. 사실은 무언가를 열심히 하는 아이든 아무것도 안 하고 빈둥거리며 노는 아이든 모두 존중받아야 한다. 두 아이 모두 사회의 구성원이기 때문이다. 두 아이 모두 행복할 수 있어야 행복한 사회가 될 수 있다.

언제부턴가 우리 사회는 실용주의가 최우선 가치가 되어 버린 듯하다. 공부든 운동이든 악기든 무언가를 열심히 하는 아이가 더 쓸모 있는 일을 하는 아이처럼 여겨진다. 그래서 더 존중받는 다. 이런 논리가 너무나 당연시되는 사회에서 우리는 살고 있다.

어렸을 적에 읽었던 '개미와 베짱이'라는 우화를 기억하는가? 봄, 여름, 가을 땀 흘려 일한 개미는 따뜻하고 풍족한 겨울을 보낸 다. 하지만 내내 놀며 노래만 부른 베짱이는 춥고 배고픈 겨울을 맞이한다. 아이들이 읽는 우화를 살펴보면 그 시대의 보편적 사고가 드러난다. 결국 이 이야기에는 열심히 쉬지 않고 노력하는 자는 풍족해지고, 일하지 않고 놀기만 한 자는 빈곤해진다는 믿음이 담겨 있다.

하지만 현대 사회는 어떻게 변했는가? 즐겁게 놀며 노래 부르는 자가 더 창조적인 일을 할 수도 있다는 것을 보여 주고 있다. 결국 인간의 사고와 상황은 시대에 따라 변한다. 언제나 개미처럼 열심히 일해야 하고, 쓸모 있는 인간이 되어야만 한다는 사고는 인간을 긴장시킨다. 그래서 현대인들은 늘 무엇엔가 쫓기듯 마음이 바쁘고 불안하다. 충분히 휴식하며 이완하지 못한다. 게

다가 요즘은 스마트폰의 영향으로 SNS가 발달하여 더더욱 온전한 휴식을 즐기지 못한다. 이렇게 늘 긴장된 상태가 현대인들에게 또 다른 스트레스를 유발한다.

나 역시 아이들이 어렸을 적에 아무것도 안 하고 놀고 있는 아이보다 열심히 노력하는 아이를 더 존중했다. 그래서 뒹굴뒹굴 노는 아이에게 "아무것도 안 하고 뒹굴뒹굴할 거면 다른 사람에게 방해되지 않게 가만히 있어라."라고 말하곤 했다. 이 말의 오류를 깨닫게 된 건 아이들이 한참 자란 후였다. '아무것도 안 하고'라는 표현 자체가 엄마의 주관적인 판단이다. 아이는 '아무것도 안 하고' 있는 게 아니었다. 나름 빈둥거리며 게으름을 즐기고 있는 것이다. 뒹굴뒹굴하며 편안한 쉼을 즐기고 있는 것이다. 또한 나름의 놀이를 즐기고 있는 것이다. 왜 공부보다 쉼과 놀이의 가치가 더 낮게 평가되어야 하는가? 생각의 오류이며, 판단의 오류다. 좀 더 일찍 깨달았다면 나는 좀 더 좋은 엄마가 될 수 있었을 것이다. 아이들에게 더 담백하고 순수한 사랑을 줄 수 있었을 것이다. 그랬다면 내 아이는 더 행복한 어린 시절을 보낼 수 있었을 것이다.

욕심 많은 부모는
아이를 아프게 한다

얼마 전 아이 상담을 요청해 온 엄마가 있었다. 초등 6학년 남자
아이였다. 청소년이라 부르기에는 아직 어려 보였다. 그토록 어
려 보이는 학생이 몇 번이나 자해를 시도했다는 말에 깜짝 놀랐
다. 남들보다 서둘러 특목중, 특목고를 준비하면서 입시 스트레
스와 불안감이 커졌기 때문이었다. 아이는 자신의 실력과 재능에
대한 확신이 없었다. 스스로 생각하기에 자신이 다른 친구들보다
뛰어나지도 않았고 부모가 원하는 학교에 합격할 자신도 없었다.
그런데 부모의 기대와 뒷바라지는 넘쳤다. 그 넘치는 기대와 뒷

바라지가 아이에게 심리적 부담감으로 작용했다.

아이와 함께 온 엄마는 무엇이 잘못되었는지 잘 모르고 있었다. 아이의 교육을 위해서 다니던 직장도 그만두고 아이의 뒷바라지에만 전념하고 있다고 했다. 모든 걸 포기하고 아이를 위해 정말 열심히 살고 있는데 아이가 따라 주지 않으니 야속하기만 하다. 아이의 행복과 불행은 부모에게 많은 책임이 있다. 내 아이가 행복하게 살기를 원한다면 부모는 자신의 욕심과 열심을 구분할 수 있어야 한다.

내 영역이 아닌 것을 마음대로 휘두르려는 것은 욕심이다

욕심과 열심은 어떻게 구분할 수 있을까? 내 영역이 아닌 것을 마음대로 휘두르려는 마음이 욕심이다. 부모의 몫이 아닌 것을 부모 마음대로 계획하고 주도하고 싶은 마음이다. 자신의 꿈을 찾아 노력하며 앞으로 나아가는 것은 아이의 몫이지 부모의 몫이 아니다. 아이와 나를 동일시하지 말고 간격을 두고 바라봐야 한다. 하지만 많은 부모들이 그러하지 못하다. 아이와 나를 동일시하여 아이를 통해 자신의 꿈을 이루고자 한다. 여기에서 열심을 넘어 욕심이 생겨난다. 아이에게 부모는 부모의 꿈이 아니라 아이의 꿈을 펼칠 수 있도록 도와줘야 한다. 가끔 어떤 부모는 이렇게 말한다.

"아이가 확실한 꿈이 있다면 당연히 밀어 주지요. 그런데 우리 아이에게는 꿈이 없어요. 그러니 어떡해요? 마냥 놀릴 수는 없잖아요. 요즘이 어떤 시대인데요? 저라도 꿈을 찾아 줘서 뭐라도 열심히 하게 해야지요."

부모들이 잘못 생각하는 게 있다. 꿈을 찾는 것이 중요하지만, 꿈이라는 게 억지로 찾는다고 찾아지는 게 아니다. 기다려 줘야 한다. 스스로 자신의 꿈을 찾고, 스스로 자신의 길을 찾아갈 수 있는 시간을 아이들에게 허용해야 한다. 때로는 그 꿈이란 게 서른, 마흔이 되어서 찾아질 수도 있다. 또 그 꿈이란 게 다른 사람들이 보기에 멋있고 거창한 것이 아닐 수도 있다. 그저 하루하루의 평범한 삶을 사는 소박한 것일 수도 있다.

가끔 강의 현장에서 고등학생들을 만나 꿈이 무엇이냐고 물어본다. 간혹 아무것도 안 하고 빈둥빈둥 노는 것이라고 답하는 아이가 있다. 그럴 수도 있다. 그것이 진실로 그 아이의 꿈일 수도 있다. 왜 그런 꿈을 가지면 안 되는 것일까?

"평생을 보낼 충분한 돈이 있다면 당신은 무엇을 하며 살고 싶은가?" 질문해 보자. 많은 사람들이 경치 좋은 곳에서 쉬고 여행하며 한가롭고 여유롭게 살고 싶다고 답한다. 그렇다면 충분히 나이 들어서 이루고 싶은 꿈을 왜 지금 당장 아이들이 실현하면 안 되는 것일까?

여기에는 아이의 진학과 경제적 성취에 따른 부모의 불안감과 욕심이 내포되어 있다. 많은 부모들이 아이가 좋은 대학에 진학하지 못하면 좋은 회사에 취업할 수 없다고 생각한다. 결국 원하는 만큼 경제적 부를 소유할 수 없다는 불안감이 작용하는 것이다. 경제적으로 아이가 독립하지 못하면 당연히 아이도 부모도 힘들어진다. 경제적 독립을 하더라도 그 수준이 부모와 자녀가 만족할 만큼이 아니라면 마찬가지로 힘들어진다. 그런데 경제적 성취에 대한 만족도의 기준이 부모와 자녀가 다를 수 있다. 사회적 성공에 대한 만족도의 기준도 다를 수 있다. 부모의 기준을 은연중에 아이에게 강요하는 것은 바람직하지 않다. 물론 부모로서 언제까지 어느 정도의 도움을 줄 수 있는지는 아이에게 이야기하는 것이 좋다. 부모의 상황에 따라 너무 인색하지도 않게, 너무 과하지도 않게 도와줄 수 있는 만큼 솔직하게 말하면 된다. 그러면 그에 맞게 아이도 마음의 준비를 할 것이다.

한동안 광고에 나온 '당신은 부모입니까? 학부모입니까?'라는 문구가 부모들의 눈길을 사로잡았다. 왜냐하면 그만큼 부모로서 자녀에게 요구하는 것과 학부모로서 요구하는 것이 달랐기 때문이다. 부모로서 자녀에게 하는 말들은 이런 것들이다.

"골고루 잘 먹고 건강해라."
"운동도 하고 일찍 자야 쑥쑥 큰다."
"어른들한테 인사 잘해라."
"친구들과 사이좋게 지내라."
"어려운 사람 보면 모른 척하지 말고 도와줘야 한다."

그런데 학부모로서 자녀에게 하는 말들은 이런 것들이다.

"빨리 먹고 들어가서 공부해라."
"앞집 누구는 새벽 2시까지 공부한다더라."
"생활기록부 잘 나와야 하니까, 선생님들한테 찍히지 않게 인사 잘해라."
"친구들이랑 놀지 말고 바로 학원 다녀와라."
"쓸데없는 데 신경 쓰지 말고 내신관리 잘해라."

물론 다소 극단적으로 표현했지만 금방 어떤 차이가 있는지 짐작할 수 있을 것이다. 우리는 이러한 표현들이 어떤 의미인지 금방 알아차릴 수 있는 사회에 살고 있다. 어쩌면 그 사실이 우리를 더 슬프게 한다.

'당신은 부모인가, 학부모인가'

대한민국의 많은 부모들이 부모와 학부모 사이에서 어쩔 줄 모르고 갈팡질팡하며 살고 있다. 부모의 길이 옳은 건 알겠는데, 학부모의 길을 외면하기도 힘들다. 그래서 한 발은 부모의 길에, 다른 한 발은 학부모의 길에 걸쳐 놓고 이쪽으로도 저쪽으로도 가지 못한다. 하루는 자녀에게 부모의 말을 하고, 그다음 날은 학부모의 말을 한다. 아니 사실은 하루에도 몇 번씩 부모와 학부모 사이를 왔다 갔다 한다. 그때마다 서로 다른 메시지를 아이들에게 전달한다. 서로 상반된 내용의 요구를 아이들에게 반복하는 것, 이것도 욕심이다. 아이들은 혼란스럽다. 어느 쪽으로 가란 말인가? 그래서 아이들의 발걸음도 어지럽다. 분주하고 어지럽기는 한데 자신이 가야 할 목적지가 어디인지는 정확히 모른다.

우리는 부모의 길로 가는 것이 바람직하다는 것을 알고 있다. 그런데 왜 그러지 못하는 걸까? 불안감 때문이다. 무엇에 대한 불안감일까? 아이의 미래에 대한 불안감이다. 미래는 누구에게나 불확실하다. 그런데 많은 부모들이 자신의 자녀만은 확실하고 안정된 삶을 살기를 바란다. 자녀의 미래만은 분명하고 보장된 길이기를 바란다. 그래서 보장된 미래, 확실한 미래라고 여겨지는 쪽으로 자녀의 등을 떠민다.

무인도에 표류한 수백 명의 사람들 앞에 서너 명밖에 탈 수 없는 작은 배가 있다고 치자. 어떻게든 내 아이만은 태우겠다는 의지로 앞도 옆도 돌아보지 않고 그저 무작정 내 아이의 등을 떠민다. 그 배가 부모의 기대대로 육지에 무사히 도착한다고 누가 보장해 줄까? 아무도 보장할 수 없다. 가다가 풍랑을 만나 배가 뒤집히고 무인도에 있는 사람들보다 먼저 죽을 수도 있다. 또 무인도에 남아 있는 사람들이 살아남지 못할 거라고 어찌 장담할 수 있을까? 수백 명을 한꺼번에 실어 나를 크고 튼튼한 배가 올 수도 있다. 그런 게 인생이다.

한 치 앞도 예측할 수 없는 게 인생이다.

그러니 인생에 대해서 예측하고

준비하겠다는 생각 자체를 내려놓아야 한다.

그러한 생각들에서 욕심이 생겨난다.

그건 불가능한 욕심이다.

    미래에 대한 불안감을 내려놓고 현재를 사는 연습을 해야 한다. 많은 부모들이 아이에게 자신의 불안감을 투사한다. 결국 불안해하는 건 아이가 아니라 부모다. 부모가 아이에게 불안감을 투사하지 않는다면 아이들은 더 행복해질 것이다. 또한 욕심을 내려놓은 부모의 열심은 아이를 더 성장시킬 원동력이 되어 줄 것이다.

부지런하고 착해야 한다는
강박관념

아이들은 놀이를 통해 성장한다. 하지만 요즘의 아이들은 놀이가 부족하다. 유아기 때부터 이런저런 배움을 위해 하루 24시간이 부족하게 움직인다. 어쩌다 허용되는 놀이조차 부모에 의한 통제 속에서 여러 가지 제약을 받는다. 부모가 어렵게 허용해 준 30분, 1시간의 놀이 시간을 긴장과 조바심으로 채운다. 자유롭게 즐겨야 할 놀이가 통제되고 있는 것이다. 아이들은 놀이에 자유로워야 하고 당당해야 한다. 놀이에 불안과 긴장이 섞이지 않아야 한다. 통제 없는 자유로운 놀이가 필요하다. 그러기 위해서는 부모가 마음의 여유로움을 가지고 아이의 놀이를 바라볼 수 있어야 한다.

또한 아이에게는 심심한 시간이 필요하다. 창조는 쉼에서 솟아난다. 그런데 요즘 아이들에게는 심심한 시간이 잘 허용되지 않는다. 세상은 점점 더 바쁘게 돌아가고 그 속에서 살아남기 위해선 아이들도 더 바쁘게 움직여야 한다는 생각을 무의식적으로 하기 때문이다. 더 바쁜 사람이 더 부지런한 사람으로 인식되고, 더 부지런하게 움직이는 사람이 더 성공한다고 생각한다.

또한 어디에서나 필요한 사람이 되어야 한다고 여긴다. 하지만 반드시 필요한 사람이 되려고 애쓸 필요는 없다. 필요한 사람이 되어야 한다는 생각이 지나치면 강박관념이 된다. 이것은 어떤 조직이나 관계에서 자신이 필요한 사람이 아니라는 느낌이 들 때 편치 않은 느낌이 들게 한다. 이러한 느낌은 자신의 존재 가치에 낮은 의미를 부여하고 자존감을 떨어뜨린다. 또한 반드시 필요한 사람이 되기 위해 과도한 노력과 긴장감을 불러일으킨다.

모든 존재는 존재 자체로 이미 가치가 있다.
우주는 가치 없는 것을 창조하지 않는다.
그러므로 존재하는 모든 것은 가치가 있다.

그럼에도 실용주의에 중독된 우리 사회는 인간에게조차도 실용주의적인 사람, 즉 쓸모 있는 사람이 되라고 부추긴다. 쓸모없는 사람은 존재 가치가 없는 사람이라는 생각을 주입시킨다. 자신의 쓸모 있음을 증명해야 한다고 무의식적으로 요구한다. 이 것이 어린아이들조차도 마음 편히 놀고 뒹굴게 허용할 수 없는 이유다. 그래서 아이들은 놀 때조차도 마음이 편하지 않다. 긴장 상태다. 무언가 통제된 느낌이 아이의 내부에 계속해 흐르고 있는 것이다. 통제된 느낌은 아이에게 온전한 자유를 허락하지 않는다.

자유로운 놀이를 허용하라

아이들을 가장 행복하게 하는 것은 놀이다. 놀이 시간조차 긴장해야 한다면 아이들은 삶에서 온전히 편안해지기 힘들다. 삶은 행복이어야 하고, 축복이어야 하고, 놀이여야 한다. 긴장감은 이런 놀이와 행복을 방해한다. 그러니 내 아이가 행복한 아이가 되길 원한다면 아이의 삶에서 긴장감을 몰아내고 자유로운 놀이를 즐길 수 있도록 허용해야 한다. 자유로운 상태로 놀이가 허용될 때, 아이들은 무언가를 창조하고 무언가에 도전할 에너지가 솟아난다.

물론 우리가 무언가 새로운 미지의 영역에 도전할 때도 얼마간의 긴장감은 있을 수 있다. 하지만 이때의 긴장감은 인간을 앞으로 나아가게 하는 감정이지 뒤로 끌어당기는 감정이 아니다. 인간을 주춤거리게 하고 자유롭지 못하게 방해하는 긴장감은 불안함과 두려움을 동반한다. 하지만 인간을 앞으로 나아가게 하고 성장하게 하는 도전에 대한 긴장감은 설렘과 기분 좋은 흥분을 동반한다.

'착하다'는 말은 아이를 통제하기 위한 수단

아이들을 키울 때 착하다고 반복해서 말하고 칭찬하는 건 위험하다. 부모는 아이가 자신의 의견을 당당하게 주장하고, 자신의 삶을 주도적으로 살아가길 바란다. 그렇다면 착한 아이라는 말로 아이에게 최면을 걸지 말아야 한다. 거기에는 어른들의 이기적인 바람이 숨겨져 있다. 착한 아이라는 말을 많이 듣고 자라게 되면, 자신에 대한 그러한 평가를 깨트리고 싶지 않아진다. 언제까지나

다른 사람에게 착한 사람으로 인정받고 싶은 욕심이 생긴다. '착한 아이'라는 평가는 어린아이에게 초콜릿처럼 달콤하게 느껴진다. 초콜릿은 달콤하고 맛있지만, 많이 먹으면 좋지 않다. 그 달콤함이 주는 유혹에 중독되기 때문이다. 중독이 되면 나에 대한 상대의 평가에 의존하게 된다. 상대의 평가에 상관없이 나답게 나 홀로 설 수 있는 힘이 약해진다.

내 생각이 어른들의 생각과 달라도 자신의 의견을 당당히 밝히기 어려워진다. 왜냐하면 나라는 사람에 대한 평가를 뒤집는 데에는 엄청난 용기가 필요하기 때문이다. 나는 이미 다른 사람들에게 착한 아이라고 인식되어 있다. 그런데 내가 상대가 원하는 무언가에 '노(NO)'라고 대답한다면 어떻게 될까? 상대는 나에 대해 어떻게 생각할까? 예상치 못한 나의 거절에 노여워할지도 모른다. 혹은 나에 대한 실망감을 표현할지도 모른다. '노여움'이든 '실망감'이든 상대의 반응이 두렵다. 또 내가 더 이상 착한 아이가 아닐 때, 사랑받지 못할까 봐 불안하다. 그 무의식적 불안감이 정말 내가 원하는 것을 말하지 못하게 하고 주저하게 만든다.

보통 부모나 어른들이 아이에게 착하다고 말할 때는 '내 말을 잘 듣는 아이'라는 뜻이 내포되어 있다. 또 너는 내가 착한 아이라고 인정해 줬으니까 '지금부터 내 말을 잘 들어야 해.'라는 무언의 요구도 포함되어 있다. 내 말을 잘 들어야 키우기 수월하기 때문에 부모들은 착한 아이를 좋아한다. 마찬가지로 학교 선생님들도 학생이 내 말을 잘 들어야 교육하기 편하기 때문에 착한 아이를 선호한다.

물론 원래 품성이 '착하다'거나 '착하지 않다'라고 이야기할 때의 의미와는 다르다. 착하다는 건 그 성품이 '선량하다'는 뜻이고 착하지 않다는 건 그 성품이 '악하다'라는 뜻이다. 이런 의미로 볼 때는 당연히 악함보다 선함이 옳다. 그렇지만 우리 사회에서 부모나 선생님이나 기타 어른들이 아이에게 착하다고 말할 때는 '내 말을 잘 듣는 아이'라는 뜻이 더 강하다. 이 말은 바꾸어 말하면 내가 조종하기 쉽고 통제하기 쉬운 아이라는 뜻이다. 즉, 내 마음대로 다루기에 수월한 아이라는 표현이다.

그런데 이것이 '인정'과 '칭찬'의 형태로 나타나기에 아이들은 이 말을 좋아한다. 일단 착한 아이라고 말하며 어른이 아이를 바라볼 때, 그 말이나 표정이 부드럽기 때문이다. 그 부드러움은 저 사람에게 나라는 사람이 인정받고 있다는 느낌을 들게 한다. 그래서 아이들은 이 말에 의해 자신도 모르게 최면에 걸린다. 최면에 걸린 아이는 그것이 부모든 선생님이든 혹은 다른 누구든 간에 상대에게 미묘하게 조종당하고 통제받는다. 그러니 진심으로 내 아이가 다른 사람의 시선에 상관없이 자유롭게 살아가길 원한 다면 과도한 착함을 요구하지 말자.

속도보다 중요한 것은
방향이다

2013년 영국 북부에서 열린 한 마라톤 대회에서 한 명의 선수를 제외한 선수 5천여 명이 단체로 실격 처리된 일이 있었다. 1위로 달리던 선수와 격차가 많이 벌어진 2위 선수가 어느 순간 길을 잘못 들어선 것이다. 그로 인해 무작정 뒤를 따라 달리던 선수 5천여 명이 모두 코스를 이탈하였다. 결국 2위 선수를 비롯한 5천여 명은 결승점을 통과했음에도 불구하고 전원 실격 처리되었다. 선두로 달리던 마크 후드만 이 경기에서 코스를 제대로 완주했다. 2위 선수의 뒤를 따르던 나머지 선수들은 앞선 선수를 따라 잡기 위해 속도에만 신경 쓰고 방향은 전혀 아랑곳하지 않았다. 어쩌면 현대를 살고 있는 우리들의 자화상이 아닐까.

사실 속도보다 중요한 것은 방향이다. 그런데 많은 사람들이 삶의 속도에 지나치게 민감하다. 무엇을 향해 가고 있는지, 어디만큼 왔는지를 살펴보지도 않고 그저 빨리 달리고 싶어 한다. 심지어 열심히 달려가고 있는 이 길이 정작 내가 가고 싶어 하는 길이 맞는지도 모른다. 왜 그럴까? 언제부터인가 대열에서 이탈하는 자는 낙오자로 인식되었기 때문이다. 하지만 이제 우리는 좀 더 속도를 늦춰야 한다. 내가 가고자 하는 방향을 충분히 생각하면서 올바른 행로를 찾아야 한다.

가야 할 목적지를 모른다면 순풍도 의미가 없다

후기 스토아 철학을 대표하는 철학자 세네카는 이런 말을 했다.

"가야 할 목적지를 모른다면 순풍도 의미가 없다."

우리는 누구나 항해를 할 때 순풍이 불기를 기대한다. 하지만 내가 가야 할 정확한 목적지를 모른다면 어떻게 순풍을 구분할 수 있을까? 마찬가지로 우리는 인생이란 여행길에서 모든 것이

순조롭게 잘 흘러가길 원한다. 하지만 내가 도달해야 할 최종 목적지를 모른다면 내가 현재 제대로 가고 있는지 어찌 알 수 있을까? 나는 지금 내가 가고자 하는 방향으로 잘 가고 있는가? 내 아이는 아이가 가고자 하는 방향으로 잘 가고 있는가? 속도에 매몰되지 않고 방향을 잃지 않으려면 가끔 스스로에게 질문해 보는 시간이 필요하다.

여행을 떠날 때 가장 먼저 할 일은 목적지를 정하는 것이다. 그것이 여행의 출발점이다. 그런 다음에 목적지에 도달하기 위한 경로와 교통수단을 탐색한다. 다양한 경로와 교통수단이 있을 것이다. 그런 후에 여행에 필요한 소소한 물품들을 챙긴다. 인생이라는 여행길도 마찬가지다. 먼저 목적지를 정해야 한다. 목적지가 없다는 건 방향성이 없다는 뜻이다. 우리의 궁극적 목적지는 자유와 행복이다. 이것을 다시 한 단어로 줄이자면 '행복'이라고 할 수 있겠다. '행복'을 위해 '자유'를 갈구하기 때문이다.

그럼 행복해지기 위해 인간은 무엇을 성취하고자 하는가? '꿈'이다. 모든 인간은 나름의 욕망이 있고 꿈이 있다. 이 꿈을 이룰 때 인간은 행복해질 것이라고 기대한다. 그러므로 꿈을 향해 나아가는 길 자체가 행복이 될 수 있다. 결국 꿈의 '성취'란 한 개인이 도달하고 싶은 목적지이기도 하지만, 그 길을 가는 '과정' 자체가 행복을 위한 움직임이기도 하다. 꿈의 성취가 목적지라면 꿈을 향한 길은 방향성이라고 할 수 있다.

'무엇'보다 '어떻게'가 중요하다

어렸을 적 우리는 "너는 꿈이 뭐니?"라는 질문을 종종 들으면서 자랐다. 대부분의 아이들이 나름대로 자신의 꿈을 말했다. 이제 나이가 들어 내가 아이들을 키우고 가르치는 입장이 되었다. 나 역시 교육 현장에서 아이들을 만나면 "너는 꿈이 뭐니?"라는 질문을 가끔 던진다. 이럴 때 우리가 흔히 말하는 '꿈'이란 내가 커서 되고 싶고 가지고 싶은 '직업'과 같은 의미를 가진다. 내가 어렸을 적만 해도 이런 질문에 비교적 쉽게 대답할 수 있었다. 예전에는 직업의 종류가 지금처럼 다양하지 않고 단순했기 때문이다. 선택할 수 있는 길이 단순했으므로 '꿈이 뭐니?'라는 질문에 별다른 고민 없이 금방 답할 수 있었다.

하지만 요즈음 아이들에게 이런 질문을 던지면 예전처럼 쉽게 답하지 못한다. 왜냐하면 직업군이 너무 다양해졌기 때문이다. 또 사회는 너무나 빠르게 변화하고 있다. 다가올 미래 사회에서는 현재 존재하는 직업들 중 많은 직업들이 사라질 것이고, 반면 지금은 존재하지 않는 직업들이 새롭게 생겨날 것이다. 몇 십 년 전만 하더라도 하나의 직업을 선택해 평생 그 일에 종사하는 것을 미덕으로 여겼다. 하지만 앞으로의 시대는 여러 개의 직업 속에서 나를 어떻게 성장시켜 나가느냐가 개인의 능력으로 인정받는 시대가 될 것이다.

이제 '꿈'은 '직업'과 동의어가 될 수 없다. 그럼 이제 우리는 꿈을 어떻게 나의 미래와 연결해야 할까? 내가 추구하고 싶은 '가치'와 연결시켜야 한다. 즉, '무엇'이 아니라 '어떻게'와 연결시키는 것이다. '직업'은 '무엇'에 속한다. '네가 원하는 직업은 무엇이니?'라는 뜻이다. '가치'는 '어떻게'에 해당한다. '너는 어떻게 살고 싶니? 네 삶에서 중요하게 생각하는 가치는 어떤 것들이니?'라는 뜻이다.

요즘은 흔히 100세 시대라고 말한다. 예전에는 정년퇴직을 하고 쉴 나이에 이제는 인생 2막을 준비해야 한다. 지금까지 먹고 사는 데 바빠서 앞만 보고 달려왔다면, 이제 한번쯤 멈추고 살펴볼 일이다. 앞으로 나는 어떻게 살아갈 것인가? 인간의 수명이 길어지면서 '어떻게 살 것인가?'는 더 중요한 화두가 되었다. 그만큼 '가치'가 더 중요해졌다. 내가 어떤 가치를 가지고 살아가느냐에 따라 내 인생의 방향이 달라진다. 좀 더 구체적으로 말하면 이렇다. 예전에 우리는 아이들에게 이런 질문을 했다.

"너는 꿈이 뭐니?"
"저요? 저는 의사가 꿈이에요."

이제는 덧붙여 이런 질문을 해야 한다.

"그렇구나. 어떤 의사가 되고 싶은데?"
"저는 연구를 열심히 해서 불치병을 치료할 수 있는 실력 있는 의사가 되고 싶어요."
"저는 소외된 계층을 돌보는 따뜻한 의사가 되고 싶어요."
"저는 전쟁 지역 같은 곳에서 죽어가는 누군가를 살리는 의사가 되고 싶어요."

똑같이 의사가 되고 싶은 꿈을 가졌어도 그들이 추구하는 가치는 제각기 다를 수 있다. 누군가는 실력 있는 의사가 되고 싶고, 누군가는 따뜻한 의사가 되고 싶다. 누군가는 긴박한 상황에서 생명을 살리는 사람이 되고 싶다. 어느 것이 더 좋고 나쁨은 없다.

추구하는 가치가 다를 뿐이다. 그래서 이제 우리는 아이들에게 이렇게 질문해야 한다.

"너는 어떻게 살고 싶니?"
"저요? 정의 사회를 실현하는 데 도움이 되는 일을 하며 살고 싶어요."

이 아이는 기자가 될 수도 있고, 정치가가 될 수도 있고, 작가가 될 수도 있다. 연출가가 될 수도 있고, 또 다른 무엇이 될 수도 있다. 하지만 이 아이는 그 '무엇' 속에 '어떻게'를 담고 살아갈 것이다. 이 아이가 기자가 된다면 정의 사회를 실현하기 위한 내용의 글을 쓸 것이다. 연출가가 된다면 그런 내용을 담은 연극이나 방송극을 제작할 것이다. 또 이 아이는 경찰이나 군인이 되어 정의 사회를 구현하는 일에 앞장설 수도 있다. 법조인이 되어 그 일을 할 수도 있다. 결국 '무엇이 되느냐'보다 더 중요한 것은 '어떻게 사느냐'다.

"저는 힘이 없고 소외된 계층에 관심을 가지고 그들을 돕는 일을 하며 살고 싶어요."
"저는 몸이 아픈 사람들에게 도움이 되는 일을 하며 살고 싶어요."

"저는 마음이 아픈 사람들에게 도움이 되는 일을 하며 살고 싶어요."

이런 꿈을 가지고 있는 아이들은 그들이 커서 어떤 직업을 가지든, 이렇게 살고 싶어 할 것이다. 몸이 아프고 마음이 아픈 사람들을 도울 수 있는 일이, 반드시 의사가 되는 것만은 아니다. 의료 기기 개발자가 될 수도 있고, 음악가나 미술가가 되어 그들의 아픔을 위로해 줄 수도 있다. 웹툰 작가가 될 수도 있고, 컴퓨터 프로그래밍 개발자가 될 수도 있다. 무엇이 되든, 그 '무엇' 안에 '어떻게'를 담을 수 있다. 이 '어떻게'가 바로 삶의 방향이다.

아이의 롤 모델을 보면 가고자 하는 길이 보인다

물론 가장 중요한 것은 가슴이 시키는 일을 해야 한다는 것이다. 나는 어렸을 적에 누군가 꿈이 무엇이냐고 물으면 망설임 없이 '선생님'이라고 대답했다. 어린 시절 나는 막연히 선생님이 되고 싶었다. 대학에 가서는 교수가 되고 싶었지만, 여러 가지 사정으로 중간에 그 꿈을 포기해야 했다. 하지만 나는 삶의 굴곡진 길을 돌고 돌아 다시 내가 가장 좋아하는 선생님이란 길 위에 서 있다. 이 길은 나를 가장 설레게 하는 길이고, 이 일은 내가 가장 잘할 수 있는 일이다.

일찍 꿈을 정하는 아이도 있지만 그렇지 않은 아이도 많다. 이럴 때 아이가 즐겨 읽는 책이나 아이의 롤 모델을 파악하면 아이가 가고자 하는 길을 짐작할 수 있다. 아이가 좋아하는 책을 보면 아이의 성향이 드러난다. 큰아이가 한글을 막 배우기 시작하고 동화책을 처음으로 읽기 시작할 무렵 가장 좋아했던 책은 '이순신'에 대한 것이었다. 그다음 아이가 초등 고학년이 되고 중학생이 될 무렵 가장 즐겨 읽던 책은 '나폴레옹'에 대한 것이었다. 고등학생이 된 아이가 가장 심취한 책은 '카이사르'에 대한 것이었다. 결국 큰아이는 대학을 진학하며 정치외교학과를 선택했다. 이렇듯 아이가 좋아하고 끌리는 인물의 유형을 잘 파악해 보면 아이의 기질이나 바람을 알아차릴 수 있다. 커 가면서 롤 모델은 조금씩 변화가 있지만 가만히 들여다보면 어떤 일관된 흐름이 있다. 아이의 롤 모델은 삶의 목적과 의미와 방향성을 알려 주는 나침반이다.

아이는 믿는 만큼
자란다

아파트 베란다 창문으로 아이가 눈치채지 않게 놀이터를 슬쩍 살펴본다. 아무도 없는 놀이터 미끄럼틀 아래에 둘째 아이가 작은 돗자리를 펴고 앉아서 무언가를 하고 있다. 옆에는 책가방이랑 돼지 저금통 하나가 놓여 있다. '과연 몇 시까지 저렇게 앉아 있으려나?' 좀 더 유심히 살펴보니 평소 집에서도 잘하지 않는 공부를 한답시고 문제집을 꺼내 놓고 풀고 있다. 저건 또 무슨 상황인가? 어이없는 행동에 웃음이 난다.

초등학교 3학년인 둘째가 소위 가출을 한 것이다. 며칠 전부터 조짐이 있기는 했다. '1천 원으로 살아남기' 만화 시리즈에 한창 심취한 아이는 돼지 저금통만 들고 나가면 자기 혼자서도 잘살 수 있다고 큰 소리를 치곤 했다. 그러더니 급기야 오늘 하교 후에 가출을 시도했다. 그런데 가출 장소가 집 앞 놀이터다. 몇 시간은 친구들과 재미있게 놀았다. 저녁 무렵이 되어 친구들이 하나둘 집으로 돌아가자 미끄럼틀 아래에 돗자리를 깔고 앉았다. 적당히 따뜻한 날씨에 아파트 불빛들이 밝으니 아직까진 괜찮은 듯하다.

'어떻게 해야 하나?', '이럴 때 부모가 어떻게 행동하는 것이 교육적으로 가장 좋을까?' 잠시 생각하다가 일단은 그냥 두고 보기로 했다. 내 눈에 보이지 않는 곳으로 가출을 했으면 혹여 사고라도 날까 봐 불안하고 걱정이 되었을 텐데 눈에 보이는 곳에 있으니 안심이 된다. 8시가 지나니 슬슬 주위가 어두워졌다. 내려다보니 아이는 여전히 나름의 가출을 즐기고 있었다. '설마 어두워지면 들어오겠지.' 하며 시계를 보니 9시가 지나고 있다. 이제 아이도 조금씩 불안해하는 눈치다. 이리 기웃 저리 기웃 하며 집을 올려다본다. 내심 엄마 아빠가 데리러 와 주길 기다리는 모양새다.

하지만 무엇이든 처음이 중요하다. 아이가 성장하면서 어떤 행동을 했을 때 부모가 어떻게 반응하느냐에 따라 아이의 다음 행동에 영향을 끼칠 수 있다. 부모는 행동 노선을 신중하게 선택해야 한다. 이 상황에서 나는 아이의 안전을 확보하되 지나친 관심을 보이지 않기로 했다. 안 보는 듯 무심한 듯 수시로 아래를 내려다보며 아이의 안전을 체크했다. 9시가 넘어가고 주위가 어두워지니 이제 아이는 주섬주섬 짐을 싸기 시작한다. 다음 행방이 궁금하여 '어디로 가려나?' 주의 깊게 보고 있는데 아이가 아파트 안으로 들어온다. '됐다. 아파트 안으로 들어왔으니 이제 위험하지는 않겠구나.' 마음이 한결 놓인다.

'이제 어쩌려나?' 궁금해 하며 기다리고 있자니 이내 초인종 대신 발로 현관문을 툭툭 차는 소리가 들린다. 스스로 호기롭게 나간 집을 제 발로 다시 들어오기는 아마도 쑥스러운 눈치였다. 누군가 모른 척 나와서 데리고 들어와 주길 기다리는 듯싶다. 현관문을 툭툭 치며 자기가 왔다는 신호를 보내도 안에서 아무 답이 없자 혹시 엄마가 소리를 못 들었나 싶은지 툭툭 차는 소리가 점점 더 커졌다. 잠시 생각을 해 본다. 어떻게 대응하는 게 현명한 걸까? 첫째는 아이가 안전해야 하고, 둘째는 다시 가출하는 일이 없게 해야 한다. 이제 곧 사춘기를 맞을 텐데 가출이 습관이 되면 곤란하지 않겠는가. 그러려면 아이의 안전에 신경 쓰되 자신의 행동에 책임질 수 있도록 해야 한다.

잠시 생각하다 좀 더 두고 보기로 했다. 이제 10시가 되었다. 아마 배도 고프고, 화장실도 가고 싶고, 슬슬 졸리기도 할 것이다. 큰아이를 불러 조용히 부탁했다. "○○야, 이제 네가 현관문 열고 엄마 모르게 살짝 동생 데리고 들어와. 엄마는 방에 들어가 있을 게. 배고플 테니까 빵이랑 우유도 좀 챙겨서 방에 갖다 주고…." 그렇게 아이는 집으로 들어왔고 가출은 끝났다. 다음 날 아침, 막내 등교 때문에 아침 7시면 학교로 출발해야 하는 나는 당연히 큰 아이들보다 집에서 일찍 나왔다. 모른 척 아무 일도 없는 듯 내가 집에서 나온 후에야 아이는 방에서 나와 움직였을 것이다. 점심은 학교 급식으로 해결하고, 동생을 데리고 학교에 간 엄마가 집에 돌아오기 전에 먹거리를 방에다 챙겨 놓았을 것이다. 그렇게 하루가 지나고, 이틀이 지나고, 사흘째가 되는 날 아이는 방에서 나오다 나랑 딱 마주쳤다.

나는 전혀 모른 척 웃으며 말을 건넸다. "어? 너 집에 왔어? 가출한 거 아니었어? 엄마는 네가 가출해서 이제 집에 안 오기로 한 줄 알았는데…." 아이는 겸연쩍은지 뒤통수를 한두 번 긁적거리다 배시시 웃는다. 그렇게 초등 3학년의 이른 가출 소동은 마무리되었다. 그 후 아이는 한동안 친한 친구들을 만나면 열심히 이야기했다. "너 절대 가출하지 마. 내가 해 봤는데 그거 되게 힘들어. 춥고 배고프고 무섭고…. 아휴, 아무튼 절대 가출은 하지 마. 알았지?" 듣고 있으면 절로 웃음이 났다. '하하. 그래. 우리 아들이 또 이만큼 컸네.' 그 후 아이는 누구보다 격렬한 사춘기를 보내면서도 다시는 가출을 시도하지 않았다.

아이를 키울 때 부모는 판단하지 않는 맑은 시선을 유지해야 한다. 지켜보기가 아니라 바라보기를 행해야 한다. 많은 부모들이 아이들에게 훈계와 타이름을 한 후에 이렇게 말한다. "이제부터 엄마가 잘 지켜볼게. 열심히 해.", "이제부터 아빠가 지켜볼 거야. 잘해. 알았지?" 그럼 아이들은 조용히 고개를 끄덕인다. 그런데 잘 살펴보자. 여기에서 '지켜본다'는 것은 어떤 의미일까? 아마도 "이제부터 아빠 엄마가 네 행동을 잘 지켜볼 거야. 네가 아빠 엄마가 하라는 대로 잘 실천하고 있는지 꼼꼼히 살펴볼 거야. 그렇게 지켜보다가 네가 아빠 엄마가 원하는 대로 하지 않으면 혼내 줄 거야. 그러니 혼나고 싶지 않으면 신경 써서 잘 행동해."

또 이렇게 말하기도 한다. "아빠 엄마는 널 믿어. 알았지?" 정말 믿는 걸까? 이런 뜻일 수도 있다. "네가 정말 아빠 엄마가 원하는 대로 잘해 줄지 좀 불안해. 하지만 한번 믿도록 노력해 볼게. 그러니 아빠 엄마가 정말로 널 믿을 수 있도록 잘 행동해 주길 바래." 그런데 부모는 아이에게 '믿는다'라고 말했기 때문에 자신이 진심으로 아이를 믿어 줬다고 주장할 수 있다. 부모 자신도 그 말 속에 숨겨진 미묘한 감정을 잘 구분하지 못하기도 한다. 하지만 아이들은 아주 잘 눈치챈다. 굳이 언어로 표현하지 않아도 느낌으로 안다.

이렇게 '지켜본다'라는 말 속에는 '감시'의 의미가 포함되어 있다. '네가 잘하는지 못하는지 행동을 잘 감시하겠다.'라는 의미가 내포되어 있다. 그래서 지켜보기를 당하는 아이들은 편안하지 못하다. 긴장되어 있다. 당연한 일이다. 누군가 나를 끊임없이 평가하며 시시때때로 지켜보는데, 어찌 완전히 이완하고 쉴 수 있겠는가? 이러한 상황은 알게 모르게 아이들에게 스트레스를 준다. 이유 없는 불안감으로 작용하기도 한다. 사실 이유가 없는 것은 아니다. 단지 그 이유를 잘 파악하지 못할 뿐이다.

지켜보기와 바라보기의 차이는 '믿음'이다

바라보기는 이와 다르다. 그저 순수하고 맑은 시선으로 담백하게 바라보는 것이다. 어떤 판단과 비난도 없이 있는 그대로를 사랑의 시선으로 바라보는 것이다. 지켜보기와 바라보기의 가장 큰 차이는 '믿음'이다. 지켜보기에는 믿음이 부족하다. 불안한 마음으로 애써 믿어 보려 노력하는 것이다. 그러면서 믿고 있다고 착각하는 것이다. 바라보기에는 완전한 믿음이 있다. 바라보기는 불순물이 섞이지 않은 그저 맑은 물과 같다. 지켜보기에는 여러가지 불순물이 섞여 있다. 불안, 판단, 기대, 욕심…. 이런 감정들이 뒤섞여 있다. 그러므로 부모는 아이를 양육할 때 늘 자신을 경계해야 한다. 내가 지금 지켜보기를 하는 것인가? 바라보기를 하는 것인가?

아이를 키우는 데 '믿음'과 '사랑'은 중요한 키워드다. 나는 이중에서도 '믿음'의 중요성에 대해 더 많은 이야기를 하고 싶다. 왜냐하면 대다수 부모들은 당연히 사랑의 중요성을 알고 있고, 실제로 아이를 넘치게 사랑한다. 사랑이 부족해서가 아니라 믿음이 부족해서 힘든 경우가 더 많다. 완전한 믿음을 가지고 아이를 바라볼 때, 아이는 긴장하지 않고 위축되지 않고 자신의 길을 갈 수 있다.

믿음이란 상대가 믿을 만해서
믿는 것이 아니라
내가 믿기로 했기 때문에

믿는 것이다.
아이의 행동과 상관없이
일관된 믿음을 보여 줄 수 있어야
온전한 믿음이다.
아이에 대한 부모의 믿음은
부모의 역량과 비례한다.

믿음의 크기는 상대의 행동에 따라 달라지는 것이 아니다. 자신이 가진 믿음 그릇의 크기에 따라 달라진다. 왜냐하면 믿음 그릇이 큰 사람은 크고 작게 일어나는 불안감을 타인에게 투사하지 않는다. 자신의 그릇에 담아 소화시킨 후 믿음으로 승화한다. 하지만 자신의 믿음 그릇이 작은 사람은 불안을 소화시킬 힘이 부족하다. 소화되지 못한 불안은 곧바로 타인에게 투사된다. 아이의 행동에 따라 믿음의 정도가 변한다면 온전한 믿음이 아니다. 또한 타인에 대한 믿음의 크기는 자신에 대한 믿음의 크기와 비례한다. 즉, 모든 믿음은 자신에 대한 믿음과 비례하고 자신의 역량과 비례한다. 내 역량만큼 믿을 수 있다. 이 믿음의 크기가 지켜보기와 바라보기의 차이점이다.

욱하고 올라올 때 손쉬운 감정 조절법

대다수 부모들의 바람은 내 아이가 건강하고 행복하게 사는 것입니다. 아이가 걷는 길이 꽃길이기를 바라고 기쁘고 좋은 감정만 경험하며 살기를 원합니다. 하지만 아이를 키우다 보면 하루에도 몇 번씩 감정이 올라오는 순간이 허다합니다. 인내심의 한계를 시험받는 듯합니다. 그러다 순간의 감정을 조절하지 못하고 아이에게 쏟아부을 때가 있습니다. 돌아서서 이내 후회하고 자책하며 엄마로서 자격이 있는지 스스로 의심하기도 합니다. 내일부터는 그러지 말아야지 굳게 다짐해 보지만 실천하기가 어렵습니다.

아이와 실랑이하면서 욱하고 감정이 올라올 때 손쉽게 감정을 조절할 수 있는 방법을 알려드릴게요. 응용하여 각자 자신만의 감정 조절법을 만들어 보세요. 내가 사용하는 방법은 세 가지입니다. '응급도구'와 '상상기법', 그리고 '사진 활용하기'입니다.

1. 화가 날 때 나만의 응급 도구 만들어 놓기(응급도구)

2. 내가 원하는 상황이 이루어진 모습 상상하기(상상기법)

3. 어릴 적 아이의 사랑스러운 사진 들여다보기(사진 활용)

첫째, 화가 날 때 화를 잠재울 수 있는 나만의 응급 도구를 미리 생각해 놓으면 도움이 된답니다. 감정을 조절할 수 있는 방법을 생각해 놓지 않으면 화가 나는 순간 무의식적으로 예전과 똑같은 방식으로 반응하게 됩니다. 나는 화가 올라올 때면 아이의 눈을 지그시 바라봅니다. 아이의 해맑은 눈을 보면 마음이 고요해집니다. 순수하고 투명한 아이의 눈빛과 마주하는 순간 잠시 잊고 있던 아이의 사랑스러움을 깨닫습니다. 그러면서 '내가 지금 이 여리고 소중한 생명에게 무엇을 하려고 한 거지?' 하는 자각을 합니다. 동시에 아이에게 화를 쏟아 내거나 혼내는 것이 목적이 아니라 바르게 키우는 것이 목적임을 기억해 냅니다. 감정에 휘둘릴 뻔한 순간에 여유가 생깁니다.

둘째, 내가 원하는 상황이 이루어진 모습을 상상해 봅니다. 예를 들어 아이가 무작정 화를 내며 거친 말과 행동을 할 때는 아무리 타일러도 변하지 않습니다. 그럴 때는 더 이상 아이와 신경전을 벌이지 않는 것이 좋습니다. 아이를 방치하거나 무시하라는 말은 아닙니다. 일단 조용하지만 단호하게 그런 행동은 옳지 않다는 것을 아이에게 일러줍니다. 그런 후더는 실랑이를 하지 말고 다른 일을 하는 것이 좋습니다. 얼마의 시간이 흐르고 나면 아이는 잠잠해집니다. 그날 잠자리에 들기 전 눈을 감고 누워 아이의 예쁘고 바른 모습을 상상해 봅니다. 예쁘고 고운 모습으로 환하게 웃는 아이의 표정을의도적으로 상상합니다. 엄마에게 부드럽고 예의바르게 말하고 인사하는 상상도 해 봅니다. 이런 상상을 반복하다 보면실제로 조금씩 아이의 행동이 변하기 시작해요. 왜 그럴까요?

엄밀히 말하면 아이가 아니라 엄마가 먼저 변한 것입니다. 상상을 통해 아이를 향한 엄마의 태도가 바뀌고, 아이에게 화가 났던 엄마의 감정도 한결 부드럽고 따뜻해집니다. 엄마의부드러워진 감정은 아이에게 따뜻한 눈빛과 말, 행동으로 표현됩니다. 모든 감정은 상황이나 타인에 대한 반응에서 시작됩니다. 결국 아이에 대한 엄마의 감정이 달라지면 엄마를 향한 아이의 반응도 달라집니다.

셋째, 사랑스럽고 환하게 웃는 아이 사진을 눈에 잘 띄는 곳에 둡니다. 보기만 해도 웃음이 절로 나는 사진일수록 좋습니다. 백일이나 돌 사진, 혹은 유치원 졸업 사진 등 기념일에 찍은 큰 사진도 좋습니다. 화가 나다가도 사진 속 아이의 해맑은 웃음을 보면 그 사랑스러움에 화가 절로 누그러집니다.

그 밖의 다양한 감정 조절법

- 아이의 맑은 눈 바라보기
- 아이의 바르고 예쁜 모습 상상하기
- 사랑스럽고 환하게 웃는 아이 사진 바라보기
- 화가 나는 순간 향기로운 꽃다발 떠올리기
- 마음속으로 '멈춤', '빨간 신호등'을 상상하고 화를 멈추기
- 내가 좋아하는 탁 트인 바다나 숲 상상하기
- 좋아하는 음악 듣기
- 아이가 뒤뚱뒤뚱 춤추는 모습 상상하기
- 좋아하는 차 마시기
- 화가 나는 순간 심호흡을 하고 목소리 낮추기

원하지 않는 상황이나 사람을 만나면 나는 마음속으로 장미꽃을 선물하는 상상을 합니다. 처음에는 장미꽃 한 송이로 시작했지만 어느 순간 대상에 따라 여러 가지 꽃다발로 변했습니다. 내가 꼭 특정의 꽃을 상상하지 않아도 눈을 감고 상대를 떠올리면 자연스럽게 상대에게 어울리는 꽃다발의 이미지가 떠올랐습니다.

내가 상대에게 선물을 하든, 상대가 나에게 선물을 하든 상관없이 꽃다발을 떠올리면 기분이 좋아집니다. 상상 속이지만 향기에 취해 주는 사람도 받는 사람도 환하게 웃는 표정이 떠오릅니다. 아이들을 향해 사용해도 좋고, 삶 속에서 만나는 다른 이들을 향해 사용해도 좋은 상상기법입니다.

꼭 꽃다발이 아니어도 괜찮습니다. 자신의 화난 감정을 가라앉히고 행복을 느낄 수 있게 하는 이미지라면 무엇이든 좋아요. 커다랗고 부드러운 곰 인형이어도, 예쁜 장식품이어도 상관없습니다. 아름다운 미술품을 감상하거나 좋아하는 음악 연주를 듣는 상상도 좋습니다. 나름대로 자신만의 상상 속 도구를 하나 마련해 두면 도움이 됩니다.

4장

마음 근육이 튼튼한 아이로 키워라

스스로 선택할수록
독립심이 자란다

"엄마, 며칠 후면 4학년이 끝나니까 이제 일반 학교로 전학해야 겠어요. 엄마가 오늘 전학 갈 학교 좀 알아봐 주세요."

아침 등굣길 자동차 안에서 뒷좌석에 앉은 아이가 운전을 하는 나에게 말을 건넨다. 긴 겨울 방학을 끝내고 다시 등교를 시작한 2월의 어느 개학날 아침이다. 일주일만 있으면 종업식을 하고, 3월이 되면 5학년이 될 것이다. 별안간 무슨 소린가 싶었지만 어제 밤새 내린 눈이 얼어붙어 미끄러운 도로와 출근길에 왕창 쏟아져 나온 차들 사이에서 곡예 운전을 하며 건성으로 답했다.

"그래. 알았어."

가까스로 1교시 시작 전에 아슬아슬하게 학교에 도착한 나는 아이를 교실까지 데려다주고 차 안으로 다시 들어온다. 이제 여기서 수업이 끝날 때까지 기다렸다가 아이를 데리고 학교 외 수업에 가야 한다. 점점 추워지는 차 안의 공기에 옷을 여미는데 갑자기 핸드폰 벨이 울린다. 아이의 담임선생님이다. 아마 2교시가 끝나고 쉬는 시간인 듯했다.

"어머니, ○○가 전학 간다고 서류 수속해 달라고 하는데, 무슨 말이에요? 전학 가세요?"

어이쿠. 아침에 한 말을 흘려들었더니 진심이었나 보다.

"아, 선생님. 저도 오늘 아침에 학교 오면서 들은 이야기라 아이와 좀 더 의논해 봐야 해요."

"전학 간다고 아침에 학교 오자마자 ○○가 벌써 시각장애 보조기기들을 학교에 모두 반납했어요. 일단 교실로 좀 올라오셔서 말씀 나누셔야 할 것 같은데요. 교실로 오시겠어요?"

담임선생님은 아이를 붙들고 설득하고 있었다. 다른 장애 학교는 어떤지 모르겠지만 그 당시 아이가 다니던 학교는 전학에 민감했다. 한 학년의 학생 수가 열 명 남짓밖에 안 되는 소수여서이기도 하고, 전학의 이유에 따라 학교 분위기에 영향을 미치기도 하기 때문이다. 되도록 전학을 안 보내고 학생 수를 유지하고 싶어 한다. 선생님은 일단 엄마인 내 의견을 물었다. 내가 단호한 태도로 아이를 붙잡아 줬으면 하는 눈치다. 하지만 이런 문제에 대해서는 나보다 아이의 의견이 더 중요하지 않은가. 학교를 선택하고 결정하는 것은 엄마가 아니라 아이 본인의 영역이다. 나는 아이의 의견에 따르겠다는 입장을 취했다. 그러자 이제 선생님은 더 적극적으로 아이와 대화를 시도했다.

"전학을 가려는 이유가 뭐야?"

"음, 이제 한글 점자랑 영어 점자도 다 배웠으니, 일반 학교에 가도 될 것 같아요."

"일반 학교에 가면 공부하기 힘들 수도 있어."

"왜요? 일반 학교에 가면 점자책이 없어요?"

"아니, 점자책은 신청하면 줄 거야. 하지만 친구들은 모두 묵자 책으로 공부하는데, 너만 점자책으로 공부해야 해."

"괜찮아요. 점자책 이제 잘 읽을 수 있으니까 공부할 수 있어요."

"일반 학교는 선생님들이 점자를 모르는데 괜찮을까? 네가 모르는 문제가 나와도 선생님이 가르쳐 주시기 힘들 텐데…."

"음…, 그러면 음…, 제가 점자 가르쳐 드리면 되니까 괜찮아요."

공부의 어려움을 공략하려던 선생님의 의도는 실패했다. 선생님은 잠시 생각을 하다 다른 이야기를 꺼냈다.

"그렇지만 일반 학교에서는 ○○가 적응하기 힘들 수도 있어."

"왜요? ○○랑 ○○도 일반 학교 다니는데요."

아이는 자신이 알고 있는 친구들의 이름을 댔다.

"걔네들은 1학년부터 일반 학교에 다녔잖아. 그래서 친한 친구도 있고 적응이 되어서 괜찮을 수 있어. 그렇지만 넌 지금 전학 가면 친구도 없잖아. 많이 힘들지도 몰라."

아이는 잠시 생각에 잠겼다.

"음…, 그럼 여기서 1년 더 다니다가 6학년 돼서 전학 가면 안 힘들어요?"

"아니, 그때는 지금보다 더 힘들겠지."

"6학년 돼서 가면 더 힘들어요? 그럼 그냥 지금 전학 갈래요."

적응의 어려움을 공략하려던 선생님의 두 번째 의도도 실패했다. 잠시 생각을 가다듬은 선생님은 다시 대화를 시도했다.

"그런데 너 전학 가서 장애라고 친구들이 놀리거나 괴롭히면 어떻게 할 거야? 분명히 놀리고 괴롭히는 친구들이 있을 텐데…."

"음…, 놀리는 건… 나쁜 거잖아요. 그러면 안 된다고 친구들에게 말해 줄 거예요."

"그래도 놀리거나 괴롭히면?"

"담임선생님한테 도와달라고 할 거예요. 왜요? 일반 학교 선생님들은 안 도와주세요?"

차마 안 도와준다고 대답하기는 어려웠던 선생님은 간신히 답을 했다.

"아냐, 네가 말씀드리면 도와주실 거야."

"그럼 괜찮아요. 전학 갈 거예요."

세 번의 시도가 모두 통하지 않자 선생님은 마지막으로 한 번 더 물었다.

"근데, ○○이는 왜 전학을 가고 싶은 거야?"

"지금까지 특수 학교 다녀 봤으니까, 이제 일반 학교도 경험해 보고 싶어서요."

그렇게 선생님과 이야기를 마친 아이는 하교 후 차 안에서 내게 말한다.

"엄마, 이제 전학 갈 학교에 가서 저 3월부터 간다고 선생님께 이야기하고 집에 가요."

"뭐? 오늘 당장? 며칠 더 생각해 보고 결정하는 게 어때?"

"아니에요. 방학 동안 많이 생각했어요. 오늘 가서 이야기하고 싶어요."

그렇게 아이는 하루 만에 전학에 필요한 절차를 진행하고 3월부터 일반 학교로 등교했다. 물론 학교생활도 친구들과의 관계도 아주 잘 적응했다.

자기 결정력은 독립심에서 나온다

자기 결정력은 스스로 판단하고 스스로 문제를 해결하는 능력을 말한다. 예측 불가능성을 특징으로 하는 미래 사회는 더욱 자기 결정력이 중요해지기 때문에 아이에게 스스로 선택하는 힘을 길러 주는 것이 필요하다. 자기 결정력은 독립심이 있는 아이에게서 나온다. 요즘은 겉만 어른이고 속은 아이 같은 미성숙한 어른이 많다. 왜 그럴까? 부모에게 지나치게 의존하며 자라났기 때문이다. 자녀에 대한 사랑이 넘쳐서 사소한 것까지 부모가 챙겨 주다 보니 아이의 영역과 부모의 영역에 대한 경계가 희미해졌다. 이렇게 무늬만 어른이 된 상태에서 취업을 하고 결혼을 하니 여러 가지 문제가 생길 수밖에 없다.

군부대 강의를 가서 군 간부들과 식사를 하다 보면 인솔자로서 고충을 들려준다. 언제부터인가 군대가 유치원이 되어 버린 듯한 느낌이 간혹 든다고 한다. 회사도 이와 크게 다르지 않다. 독립된 성인으로서 스스로 해결할 일에 부모가 개입하는 경우가 왕왕 있다는 것이다. 결혼 생활 역시 양가 부모의 적극적인 개입으로 갈등이 심화되어 파탄에 이르는 경우도 있다.

의존성도 독립심도 어릴 때부터의 습관이다. 어릴 때부터 자신의 일에 대해선 스스로 선택하고 결정하는 연습을 충분히 하지 않으면 성인이 되었다고 해서 갑자기 달라지지 않는다. 천리 길도 한 걸음부터이고, 계단을 오를 때도 첫 번째 계단부터 차곡차곡 올라가야 한다. 어릴 적 아주 작은 일부터 아이의 영역을 인정해 줘야 하는 이유다.

자신이 가지고 놀 장난감을 직접 고르고,

자신이 입을 옷을 선택하고,

자신이 읽을 책을 선택하는 과정 속에서

아이의 독립심은 자라난다.

아이가 좀 더 자라면 스스로 다니고 싶은 학원을 선택하고, 학교를 선택할 수 있다. 그렇게 아이의 선택들이 모여 아이는 자신의 삶을 만들어 간다.

독립심이 강한 아이는 자신에 대한 존중감 또한 강하다. 자신의 삶에 대해서도 주도적인 자세를 취하며 책임감이 강하다. 그러니 이제 아이가 의존성을 내려놓고 조금씩 홀로서기를 익혀 나갈 수 있도록 응원해 주자. 아이가 선택하고 결정할 수 있는 영역을 조금씩 넓혀 나가고 인정해 주는 것에서부터 시작하면 된다.

자신을 당당히 여기는
마음

노란 은행잎이 놀이터 바닥을 노랗게 물들였다. 아직 떨어지지 않은 은행잎들도 바람이 한 번 지나갈 때마다 흩날려 떨어진다. 늦가을 어둡고 쌀쌀한 날씨 탓에 놀이터가 텅 비었다. 이런 날이 나와 막내에겐 오히려 반갑다. 다른 아이들이나 엄마들을 조심하지 않고 맘껏 놀 수 있기 때문이다. 아이는 텅 빈 놀이터에서 그네 하나를 차지하고 하늘 높이 올라갔다 내려왔다 신나게 그네를 탄다. 거의 180° 각도로 오르내리는 그네를 보고 있자니 자칫 하다간 360°로 한 바퀴를 돌 것 같다. 하지만 아이는 모처럼 독차지

한 놀이터에서 신이 났다. 나 역시 다치지 않게 신경 써야 할 다른 아이들이 없으니 그네에서 다소 멀리 위치한 놀이터 벤치에 앉아 휴식을 취한다. 좀 춥긴 하지만 그네 옆에 붙어 서서 긴장할 필요 없이 의자에 앉아서 기다려도 되는 흔하지 않은 호사다.

계속 은행잎이 쌓여 가나 싶더니 어느 순간 경비 아저씨가 와서 빗자루로 쓸기 시작한다. 그러더니 그네를 타고 있는 아이 앞에 서서 한동안 쳐다본다. 이상한 듯, 신기한 듯 쳐다보는 시선에 익숙한 나는 별로 개의치 않는다. 아이가 아닌 어른이니 움직이는 그네는 알아서 피하겠거니 생각하며 그냥 멀찍이서 두고 본다. 그렇게 잠시 바라보고 있는데 경비 아저씨가 느닷없이 버럭 소리를 지르며 아이가 타고 있는 그네 줄을 확 움켜쥔다. 속력을 내어 타고 있는데 갑자기 줄을 잡았으니 그 충격에 그네가 심하게 출렁인다. 아이는 앞으로 고꾸라져 떨어질 듯 앞으로 몸이 쏠린다.

깜짝 놀라 달려가니 아저씨가 아이에게 소리를 지르고 있다. "어른이 비질하고 있으면 그네를 멈춰야지, 어디 버르장머리 없게 계속 그네를 타고 있어? 응? 너 도대체 몇 살이야? 이름이 뭐야? 응?" 그제야 나는 무슨 상황인지 짐작이 간다. 일단 아이가 다치지 않았는지 확인부터 했다. 아이는 신나게 타던 그네가 갑자기 붙잡혀 출렁거림에 놀라고, 그네 위에 서 있다가 앞으로 튕겨 나올 뻔한 충격에 놀라고, 갑자기 들려오는 청천벽력 같은 호통에 놀란 표정이다. 갑작스레 전개된 상황과 연이은 다그침에 영문을 몰라 아이는 어리둥절해 있다. 먼저 흥분한 아저씨를 진정시켜야 한다. 그래야 아이를 조용히 다독일 수 있을 테니.

"아, 아저씨. 죄송해요. 애가 앞을 못 봐요. 시각장애 아이예요. 아저씨가 비질하시는 거 알고도 그네를 계속 탄 게 아니라 안 보여서 그래요."

"…."

한동안 아저씨는 아무 말이 없다. 상황 파악이 금방 안 되는 표정이다. 한 번 더 설명을 한다.

"아저씨, 죄송해요. 애가 시각장애 아이라 아무것도 볼 수가 없어요. 아저씨가 빗자루로 쓸고 있는 모습이 안 보여서 그래요."

그제야 상황을 파악한 듯 한동안 쳐다보더니 아무 말도 없이 초소로 돌아갔다. 나는 아무도 안 다쳤으니 이만하면 다행이다 싶어 가슴을 쓸어내린다. 놀란 아이를 다독이며 아이에게도 상황을 설명해 준다. 그렇게 또 하루의 에피소드가 마무리되나 싶었다. 그런데 20여 분쯤 후 아저씨가 다시 아이에게로 왔다. 손에 들고 있는 하얀 봉투에서 뭔가를 꺼내더니 아이의 손에 꼭 쥐어 준다. 천 원짜리 지폐 두 장이 아이 손에 들려 있다.

"이 돈 가지고 과자 하나 사 먹어. 아저씨가 오늘 월급날이라 받은 월급이야. 아저씨가 좀 전에 모르고 소리 질러서 미안해서 그래."

아이에게 미안한 마음을 표현하고 싶었나 보다.

"괜찮아요. 아저씨. 마음 쓰지 않으셔도 돼요."

내가 말했지만 아저씨는 막무가내다. 돌려 드려도 받지 않을 태세다.

'이제 어떡해야 하나? 저 돈을 받아야 하나? 말아야 하나?'

잠시 고민하다 기꺼이 받기로 했다. 누군가에게 2천 원은 적은 돈일 수 있지만 진심을 담은 큰돈일 수도 있다. 누군가의 진심을 계속 거절하는 것도 예의가 아니다.

"네. 그럼 감사히 받을게요. ○○아, 아저씨한테 감사하다고 인사 드려야지. 아저씨가 ○○이 과자 사 먹으라고 용돈 주셨네. 조금 있다가 슈퍼 가서 ○○이 좋아하는 과자 사자."

"네. 아저씨. 고맙습니다."

아이는 아저씨께 감사 인사를 했고, 아저씨는 마음이 흡족해진 듯 표정이 밝아졌다.

타인에게 존중을 강요할 수 없다

살다 보면 종종 뜻밖의 일들을 겪게 된다. 때론 그 경험들이 마음을 푸근하게 하고, 때론 마음을 서럽고 아프게 한다. 하지만, 같은 경험이라도 받아들이는 이에 따라 상황이 다르게 해석되기도 한다. 어떤 이는 같은 상황에서 자존심을 다쳐 아프고 서러워한다. 타인의 선의를 왜곡해 스스로를 힘들게 하기도 한다. 이런 마음의 경험들이 반복되면 세상의 많은 이들이 아군이 아니라 적군처럼 느껴진다.

아는 지인이 아이를 데리고 지하철을 탔다. 어떤 할머니가 아이와 두런두런 이야기를 주고받다 내릴 때, 과자를 사 먹으라며 아이 손에 천 원을 쥐어 주더란다. 순간 너무 당황스럽고 어이가 없었다고 한다. '내가 얼마나 궁상맞고 불쌍해 보이면 처음 보는 할머니가 천 원짜리 한 장을 건네줬을까?' 이런 생각에 창피하고 화도 나고 자존심이 상해 무척 노여워하는 모습을 봤다. 나는 그 지하철에 함께 있지 않았으니 정확한 사정은 모른다. 그저 할머니가 손자를 떠올리며 선의로 준 것이 아니었을까 짐작할 뿐이다. 우리는 사소한 일에 자존심을 세우고 다치기도 하면서 마음의 상처를 키워 나간다.

자존심이란 무엇일까? 한자를 풀이해 보면 '자존심'은 '자신을 존중하는 마음'이다. 좋은 뜻이다. 하지만 사회적으로 통용되는 자존심이라는 단어에는 긍정적 느낌과 부정적 느낌 모두가 포함 되어 있다. 우리는 자존심을 지키며 살고 싶어 한다. 그런데 때로 지나친 자존심은 인간관계를 그르치게 하기도, 일을 그르치게 하 기도 한다. 무엇보다 자존심을 지나치게 내세울 때, 가장 상처 받 는 사람은 자기 자신이다. 왜 그럴까?

자존심의 사전적 의미를 좀 더 자세히 살펴보면 남에게 굽히 지 아니하고 자신의 품위를 스스로 지키는 마음 혹은 스스로 존 경하는 마음이다. 여기에서 '남에게 굽히지 아니하고'라는 뜻을 좀 더 깊게 생각해 보자. 우리는 자존심을 지키며 살고 싶어 한다. 남에게 굽히지 않고 나를 존경하는 마음을 지키고 싶어 한다. 나 는 나를 존중하는데, 다른 이가 나를 존중하지 않는다. 그래서 나 를 존중하는 마음이 상한다. 즉, 자존심이 상한다. 그런데 다른 이 가 나를 존중할지 안 할지는 내 마음대로 되지 않는다. 순전히 그 들의 마음이다. 존중을 강요할 수는 없다. 그렇다고 굽히고 싶지 도 않다. 그래서 화가 난다.

자부심이 강한 사람은 타인의 시선에 영향받지 않는다

자부심이란 무엇일까? '자부심'은 '자신을 지탱하는 마음'이다. 자부심은 자기 자신 또는 자기와 관련되어 있는 것에 대하여 스스로 그 가치나 능력을 믿고 당당히 여기는 마음이다. 자존심과 자부심은 비슷한 듯싶지만 다르다. 자부심에는 '지탱하는 마음'이 있다. 남들이 나에게 어떤 평가를 하고, 어떤 비난을 해도 흔들리지 않고 지탱하는 마음이 있다. 다른 이의 생각과 감정에 휘둘리지 않고 스스로의 가치를 믿고 당당하게 여기는 마음이다.

자존심이 강한 사람은 타인의 판단이나 시선에 영향을 받고 상처를 입는다. 하지만 자부심이 강한 사람은 타인의 판단이나 시선에 영향을 받지 않고 자신을 지탱하는 힘이 있다. 그렇다면 우리는 어떤 사람이 되어야 할까? 내 아이는 어떤 아이로 성장하는 것이 좋을까? 적당한 자존심을 지키며 살되, 자존심보다는 자부심이 강한 아이로 성장하는 것이 좋지 않을까? 다른 사람의 평가에 일희일비하지 않는 사람으로 키워야 할 것이다.

과거의 나보다
더 나은 사람이 되려는 마음

경쟁심과 경쟁력은 다르다. 경쟁심은 누군가와 경쟁하는 마음이다. 경쟁은 사람과 사람 사이에 순위를 매긴다. 경쟁력은 경쟁할 수 있는 힘이다. 그러므로 우리는 경쟁력을 갖추되 과도한 경쟁심을 지양해야 한다. 아이든 어른이든 과도한 경쟁은 에너지를 고갈시킨다. 그런데 부모가 아이의 경쟁심을 부추기는 경우가 있다. 부모의 경쟁심이 아이의 성장을 방해할 수도 있다는 사실을 알아야 한다. 물론 가끔은 서로를 성장시키는 건강한 경쟁도 있다. 하지만 대부분의 경쟁은 아이를 병들게 하고, 사회를 병들게 한다.

큰아이가 초등학생 때의 일이다. 초등학교 2학년 때 새 학교로 전학을 가게 된 아이는 아직 친한 친구가 없었다. 새롭게 이사 온 동네이니 나 역시 아직 친한 엄마가 없었다. 아이들 놀이터에서 조금씩 얼굴을 익히고 반 모임과 생일 파티를 오가며 아이도 나도 천천히 친구를 사귀어 갔다. 그 와중에 한 엄마가 적극적이고 친절하게 다가왔다. 자연스레 어느 정도 친해지고 엄마들 모임에서도 친분이 쌓여 갔다. 그렇게 일 년쯤 지난 어느 날부터 갑작스레 이 엄마가 쌀쌀맞게 군다. 영문을 모르는 나는 혹시 뭔가 서운한 게 있나 싶어 물어도 보고 상냥하게 대하며 마음이 풀리기를 기다렸다. 도무지 이유를 알 수 없었다. 어쩌다 물어보면 아무 말 없이 고개를 휙 돌리고 쌩하니 가 버린다.

동생들이 같은 유치원에 다녀 아침마다 얼굴을 마주쳐야 하는데 이제 아이에게까지 쌀쌀맞게 군다. 아이들이 좋아하는 초코 우유를 일부러 두 개만 사서 내 아이만 빼고 다른 아이와 한 개씩 나누어 먹는 것이다. 그러면서 더 의도적으로 보란 듯이 다른 아이와 엄마에게 과도한 친절을 베푼다. 그런 상황이 거의 일 년을 넘어 지속되었다. 뭔가 조치를 취하고 싶지만 어떤 질문에도 묵

비권을 행사하니 도리가 없다. 게다가 장애 아이를 키우고 있는 나로서는 웬만하면 문제를 일으키지 않고 조용히 지내려고 조심스럽게 행동한다.

예를 들어 살고 있는 동네에서 나는 상대방을 모르지만 상대방은 우리 가족을 알고 있는 경우가 빈번하다. 장애 아이가 있는 집, 더구나 앞 못 보는 시각장애 아이가 있는 집이라고 하면 대부분 동네 사람들이 우리 집 이야기인지 안다. 게다가 혼자서는 한 걸음도 밖에 나가지 못하는 막내는 늘 아빠나 엄마 손을 잡고 어디든 같이 가기 때문에 모를 수가 없다. 그래서 우리 부부는 종종 이런 농담을 한다. "당신 바깥에 걸어 다닐 때 인상 쓰거나 화난 얼굴로 다니지 마. 우린 연예인이 아니지만 거의 연예인 수준이야. 알지?" 그러면서 서로 웃곤 한다.

우리 가족의 어떤 행동이 누군가에게 거슬리는 순간 남의 입에 과장되게 부풀려져 오르내리게 될 것임을 잘 알기 때문이다. 그러면 결국 그 피해는 내 아이들에게로 돌아간다. 그런저런 이유로 나와 내 아이는 원인 모를 일방적인 냉기를 그냥 견딜 수밖에 없었다. 일 년이 넘는 긴 시간이 지나서야 알게 되었다. 큰 아이들의 성적에 대한 경쟁심에서 비롯된 감정과 행동이라는 것을…. 이유를 알고 나니 어이가 없었다.

내가 어떻게 해결할 수 있는 문제가 아니다. 상대가 그 감정을 인정하고 도움을 요청하면 조근조근 대화와 이해로 풀어갈 여지가 있다. 하지만 입을 꽉 다물고 질문과 대화조차 거부하는 내면의 감정 문제를 어떻게 해결하겠는가? 그렇다고 내 아이에게 일부러 그 아이보다 성적을 낮게 받으라고 할 수도 없는 노릇이고. 그저 안타까운 마음으로 지켜보는 수밖에 별 도리가 없다. 그렇게 학년이 올라가고 반이 바뀌면서 무심해질 무렵 그 아이가 다른 학교로 전학을 갔다는 소식을 전해 들었다.

첫째 아이들이 6학년, 둘째 아이들이 1학년에 입학한 시점이었다. 전학의 이유는 1학년이 된 둘째 아이에 대해 지나친 경쟁심을 드러내다가 오히려 여러 엄마들에게 외면당해서였다. 그런데 더 안타까운 사실은 그렇게 이웃 학교로 전학을 간 아이들이 일년을 버티지 못하고 같은 이유로 학교를 그만두었다는 것이다. 결국 근처 학교로의 전학과 적응이 어렵다고 느껴지자 완전히 우리나라를 떠나 동남아에 있는 어느 학교로 갔다는 소식을 지인을 통해 들었다. 엄마의 지나친 경쟁심 때문에 아이들이 피해를 입은 셈이다.

경쟁은 타인이 아닌 과거의 자신과 하는 것

부모의 과도한 경쟁심은 아이를 방황하게 한다. 앞으로의 사회는 협력이 중요시된다. 경쟁력 있는 개개인이 모여 협력할 때 더 좋은 시너지 효과를 기대할 수 있다. 국제 사회에서의 국가 경쟁력도 마찬가지다. 우리나라 각 분야의 인재들이 함께 모여 힘을 합칠 때 우리나라는 국제 사회에서 경쟁력을 갖춘 국가로 자리매김할 수 있을 것이다.

요즘은 국가와 국가 간의 협력을 통해 어려운 일을 해결하기도 하고, 어려운 연구를 성공시키기도 한다. 개인과 개인이 경쟁하는 시대는 지났다. 1960년대와 1970년대만 해도 개인과 개인의 경쟁이 국가 발전의 원동력이었다. 그때는 사회적으로 개인의 경쟁을 부추기는 분위기도 있었다. 하지만 요즘의 사회를 눈여겨보자. 어려운 연구에 대해 국가와 국가 간의 협력이 이루어지고 있으며 기업과 기업 간의 기술 제휴가 빈번하다.

이러한 사회 분위기에 영향을 받아 각종 교육 현장에서도 모둠 수업이 보편화되었다. 몇 십 년 전만 해도 모둠 수업은 찾아보기 힘들었다. 하지만 사회가 협력을 요구하는 쪽으로 변화하면서 우선적으로 대학 수업에서 모둠 수업이 시작되었다. 사회가 어떤 것을 요구하면 그 요구는 기업으로 전달되고 대학으로 전달된다. 그다음 고등학교로 중학교로 초등학교로 유치원으로 순차적으로 내려온다. 협력을 잘할 줄 아는 사람을 채용하고 싶어 하는 기업이 그러한 인재를 대학에 요구하기 때문이다.

그런데 이러한 사회적 요구를 이해하지 못한 부모는 내 아이가 학교에서 모둠 수업을 할 때 이런 대화를 나눈다.

"엄마, 학교에서 모둠 수업을 하는데 짝꿍이 매번 준비물을 안 챙겨 와서 화가 나요. 걔 때문에 우리 모둠 전체가 1점 깎였어요."

"그래? 도대체 걔 이름이 뭐니? 안 되겠다. 엄마가 선생님한테 전화해서 모둠을 바꿔 달라고 해야겠다."

"엄마, 이번엔 ○○가 발표 준비를 제대로 안 해 와서 우리 모둠 성적이 꼴찌예요."

"뭐라고? 그런 애랑 같은 모둠을 하면 어떻게 해? 다음부터는 그런 애는 모둠에 끼워 주지 마."

"다음 주에 모둠 발표가 있는데 공부를 너무 못하는 애가 우리 모둠이라 걱정이에요. 아무래도 걔 때문에 감점이 많이 될 것 같아요."

"그러니까 엄마가 모둠 발표 때는 잽싸게 공부 잘하는 ○○랑 같은 조를 하라고 했잖아. 넌 왜 그렇게 생각이 없니? 이제 어쩔 거야? 큰일이네. 정말."

부모의 이런 생각들과 대화는 여과 없이 아이에게 그대로 전달되고, 아이의 사고를 형성한다. 그 결과 아이는 친구와의 경쟁을 당연하게 생각하는 아이로 자란다. 이런 아이들이 많아질수록 학교는 배움의 장이 아니라 경쟁의 장이 되어 버린다. 경쟁 속으로 내몰린 아이는 불행해진다. 내 아이가 좀 더 행복한 사회에서 살기를 바란다면 아이와 부모의 대화가 달라져야 한다.

"아, 짝꿍이 준비물을 잘 못 챙겨 오는구나. 다음번에는 네가 빌려줄 수 있게 여분을 좀 넉넉하게 챙겨 가면 좋겠네."

"○○가 발표 준비를 잘 못해 왔구나. ○○도 친구들한테 미안하고 속상했겠다. 너무 속상해 하지 않도록 네가 위로해 주면 좋겠구나."

"공부를 못하는 친구랑 같은 모둠이 됐구나. 네가 혹시 도와줄 수 있는 게 있는지 한번 생각해 보면 어떨까?"

그러면서 모둠 평가의 의미를 아이들에게 제대로 설명해 주면 더 좋을 것이다.

"모둠 평가는 서로 얼마나 협력할 수 있는가를 보는 평가야. 사람은 모두 다른 성격을 가지고 있어. 재능도 다르고 장점과 단점도 모두 다르지. 서로의 단점을 보완하고 각각이 가진 장점과 재능을 합쳐서 더 좋은 결과물을 만들어 내는 것이 모둠 수업을 하는 의미야. 너희들이 살아갈 사회는 경쟁보다 협력이 필요하단다. 학교에서 친구들과 협력을 잘하는 아이는 사회에 나가서 동료들과 협력을 잘하는 어른이 될 거야. 그리고 경쟁은 서로를 불행하게 하지만 협력은 서로를 행복하게 한단다. 엄마는 너도 친구들도 행복했으면 좋겠어."

경쟁은 타인과 하는 것이 아니라 자신과 하는 것이다. 과거의 자신에 비해 더 경쟁력 있는 사람이 되도록 노력하는 것이다. 이런 말이 있다. 3년 후 누군가의 모습이 궁금하다면 3년 전 그 사람의 모습을 떠올려 보라고. 3년 전 그 사람의 모습과 오늘 그 사람의 모습 사이에 있는 간격만큼, 오늘의 그 사람과 3년 후 그 사람의 모습이 달라져 있을 것이다. 3년 전 나의 모습과 현재 나의 모습에 아무런 차이가 없다면, 3년 후 나의 모습도 별다른 차이가 없을 것이다. 우리가 정말 마음 써야 할 것은 어제보다 더 나은 내가 되기 위해 노력하는 것이다. 또한 다른 사람들과 협력할 수 있는 나만의 경쟁력을 갖춘 사람이 되고자 힘쓰는 것이다.

있는 그대로 사랑할 때
자존감이 높아진다

열등감은 타인과의 비교에서 비롯된 감정이다. 그런데 이 비교
의 시작은 일반적으로 어린 시절 부모로부터 시작된다. 아이를
키울 때 부모는 아주 사소한 것부터 끊임없이 비교를 한다. 비교
대상은 다양하다. 크게 물질적 소유물과 개인의 내적 능력으로
구분할 수 있다. 내 아이와 다른 아이가 먹는 분유와 이유식부터
시작하여 장난감이나 옷 등으로 비교 대상의 범위를 넓혀 간다.
물론 이 부분은 아이의 능력이라기보다는 부모의 능력이다. 부
모가 비교로 인한 스트레스를 받으면 아이도 알게 모르게 영향

을 받는다. 또 옹알이와 뒤집기, 기어가기, 앉기, 서기, 걷기, 말하기, 글자 익히기, 구구단 외우기 등 아이가 성장함에 따라 비교 대상은 무궁무진하게 확장된다. 그 과정 속에서 내 아이가 다른 아이보다 좀 부족하고 늦된다 싶으면 마음이 초조해지고 속상해진다. 그러면서 자신도 모르게 그 초조함과 속상함을 아이에게 표현하게 된다.

많은 부모가 아이를 키우면서 자신이 아이에 대해서 어떻게 생각하고, 어떻게 평가하는지, 그 속마음을 아이가 모를 거라고 생각한다. 하지만 아이들은 어른들이 짐작하는 것보다 훨씬 더 영리하다. 아이가 특별히 깊게 생각하거나 고민하지 않더라도 어른들이 겉으로 표현하는 말 속에 담긴 생각을 본능적으로 알아챈다. 그러면서 자신이 가장 믿고 의지해야 할 부모에게, 인정받지 못하고 거부당하고 있음을 무의식적으로 느낀다.

우리는 누구나 있는 그대로의 자신이 아무 조건 없이 상대에게 받아들여지길 원한다. 그저 나라는 존재 자체로 누군가에게 인정받고 사랑받고 받아들여지길 바란다. 더구나 세상 모든 사람들이 나를 있는 그대로 받아들이지 않더라도, 부모만은 그래 주길 바란다. 그런데 부모에게 내가 온전히 받아들여지지 않는다는 것을 느끼면, 자신을 사랑하고 삶을 사랑하기가 힘들다.

게다가 끊임없이 형제와 친구와 이웃과 비교당하면서 자라면 자신도 모르게 마음속에 열등감이 자란다. 각각의 상황은 다를지라도 많은 사람들이 어린 시절 형성된 나름의 열등감을 안고 살아간다. 열등감의 대상은 제각기 다르다. 외모가 될 수도 있고, 학벌이 될 수도 있고, 경제력이 될 수도 있고, 또 다른 무엇이 될 수도 있다. 그것이 무엇이든 타인과의 비교는 열등감이나 우월감을 형성하고 지나친 경쟁심을 유발시킨다. 이러한 감정들은 마음을 병들게 하고 자신답게 사는 것을 방해한다.

공평함은 부모가 지녀야 할 덕목이다

특히 둘 이상의 아이를 키우는 데 있어 공평함은 부모가 지녀야 할 중요한 덕목이다. 칼로 무 자르듯이 정확하게 자를 순 없겠지만 그래도 틈틈이 아이들에게로 가는 감정의 크기를 저울에 달아 보는 것이 좋다. 외동일 경우에는 그 감정의 크기가 너무 과하거나 부족하지 않은지 저울질해 보자. 형제자매가 있을 경우에는 부모의 사랑과 관심이 골고루 잘 분배되고 있는지 체크해 보자.

우리나라 속담에 '미운 놈 떡 하나 더 준다.'는 말이 있다. 왜 그럴까 곰곰이 생각해 보면 인간은 인지상정으로 미워하는 마음이 생기면 주고 싶은 마음이 사라진다. 마음도 손도 오그라든다. 그 마음을 들키지 않으려는 노력이 아니었을까. 그럼에도 불구하고 인간은 감정의 동물이라 굳이 말로 표현하지 않아도 미움이든 사랑이든 그 감정을 오롯이 느끼게 되어 있다.

아이들도 다르지 않다. 부모가 나를 얼마만큼 좋아하는지, 누굴 더 좋아하고 누굴 더 싫어하는지 말하지 않아도 느낀다. 그 느낌은 자존감을 떨어뜨리고 위축시키며 소외감과 상실감을 가져다준다. 여러 아이를 키울 때는 더욱 세심한 주의가 필요하다. 내 감정의 저울이 지금 어느 한쪽으로 치우치지 않았는지, 내 감정의 무게가 너무 가볍거나 무거운 건 아닌지 가끔씩 점검해 보자. 특정한 아이를 대할 때 내 감정의 온도가 너무 차갑거나 뜨거운 건 아닌지도 가끔 살펴보면 좋다.

대개의 부모들은 둘 이상의 자녀를 키울 때 자신이 공평하게 대한다고 생각한다. 자신이 어떤 아이를 차별한다고 여기지 않는다. 하지만 그중 하나가 유난히 더 자주 혼난다면 차별하고 있을 가능성이 높다. 단지 부모 스스로도 그것을 인지하지 못하고 있을 뿐이다. 왜냐하면 부모의 입장에서 생각할 때는 차별해서가 아니라 그 아이가 더 혼날 짓을 하기 때문에 혼낸다고 여기기 때문이다. 여러 아이를 키우다 보면 말과 행동들이 유난히 더 눈에 거슬리는 아이가 있을 수 있다. 이럴 때 부모는 자신의 감정을 잘 들여다봐야 한다. 흔들리는 물처럼 요동치는 마음을 가라앉히고 잔잔한 호수 같은 마음으로 고요히 들여다보면 자신이 객관적이지 못했음을 깨닫게 된다.

열등감은 자존감과 반비례한다

아이가 정말 잘못해서 혼이 나는 경우도 있지만 많은 경우 부모의 주관적 견해나 취향에 따라 혼이 난다. 부모는 어떤 성향의 아이를 내심 기준으로 삼고 있는데 내 아이가 다른 성향을 가졌을 때 아이를 평가하는 시선에 영향을 미친다. 아이가 이런 행동을 해 주길 원하는데 저런 행동을 반복할 경우 마땅찮은 감정을 아이에게 표현하게 된다. 그런데 아이 역시 타고난 성향이 있어서 행동 방식을 쉽게 바꿀 수 없다. 타고난 성향을 바꾸려는 것 자체가 무의미한 시도고 욕심이다. 그런데도 이것을 깨닫지 못한 부모는 오랜 시간 반복적으로 아이를 바꾸려고 애쓴다. 그러다가 뜻대로 되지 않으면 언성을 높이고 화를 내는 일이 반복된다.

아이의 행동이 정말 잘못되었을 경우에도 그 행동의 배경을 잘 살펴보면 나름의 이유가 있다. 아이든 어른이든 어떤 말과 행동을 할 때는 원인이 있고, 그 원인에 의한 감정의 흐름이 있다. 그런데 그 원인과 감정의 흐름을 잘 헤아리지 않고 무작정 아이를 혼내고 비난하는 경우가 있다. 아이는 뭔가 억울한 느낌이 들지만 논리적으로 표현하고 대응할 능력이 아직 발달되지 않았다. 이러한 과정이 반복되면 아이의 가슴속에 억울함과 분노가 쌓인다. 그리고 그 감정들은 때가 되면 거친 언어와 행동으로 표현될 것이다. 이렇게 아이가 거친 언어와 행동을 보일 때, 부모는 또 그 행동들의 원인을 살피려 하기보다 행동 자체를 꾸짖는다. 이러한 과정이 반복되면 아이는 뭔가 자신이 잘못되었다는 느낌을 가진다. 이는 열등감으로 이어진다. 열등감은 자존감 하락으로 연결된다. 열등감은 자존감과 밀접한 관련이 있다.

자존감은 자신을 존중하는 마음이다. 자신을 존중하는 마음은 자신에 대한 믿음에서 나온다. 자존감이 중요한 이유는 자존감이 높은 사람은 다른 사람의 비난이나 평가, 반응에 많은 영향을 받지 않기 때문이다. 사람은 제각기 다르고, 그렇기에 가고자 하는 길도 다르다. 다른 사람의 평가에 영향을 많이 받는 사람은 타인의 견해에 많이 휘둘리게 마련이다. 그러면 자신만의 길을 올곧게 가기 힘들다. 자신이 가고 싶은 길을 누군가의 영향으로 가지 못한 사람은 자존감이 떨어진다. 또한 타인을 탓하거나 원망하는 마음이 커진다.

자존감이 높은 사람은 자신의 단점에도 필요 이상의 날을 세우지 않는다. 장점뿐만 아니라 단점도 편안하게 받아들인다. 자신의 단점에 편안해지는 법을 익히면 삶이 수월해진다. 감정이 편안해진다. 또한 자신의 단점과 결핍에 편안해질 때 우리는 타인의 단점과 결핍에도 유연해질 수 있다.

자존감은 마음에 대한 예방주사다.
자존감이 높은 아이는
사소한 일에 크게 상처받지 않는다.

열등감과 자존감은 반비례한다. 열등감이 많을수록 자존감은 떨어지고, 열등감이 적을수록 자존감은 올라간다. 내 아이가 당당하고 주도적인 삶을 살아가길 원한다면 열등감은 낮추고 자존감은 높일 수 있게 보살피자.

말과 행동에
책임지게 한다

사람은 누구나 자신의 삶에 대한 책임감이 있어야 한다. 자신의
생각과 말, 행동에 대해 책임질 줄 알아야 한다. 이러한 책임감
은 어릴 때부터 길러진다. 어릴 때 자신의 선택과 결정에 대해
책임지기를 연습한 아이는 어른이 되어서도 책임지는 것을 두
려워하지 않는다. 책임지기가 두려울 때 아이는 책임을 회피하
기 위해 거짓말을 한다. 그런데 우리 인간은 본능적으로 거짓말
을 할 때 당당하지 못하고 위축되며 죄책감을 느낀다. 이렇게 형
성된 죄책감은 아이를 움츠러들게 하고 불필요한 감정 에너지를

소모하게 한다. 자신의 말과 행동에 책임지게 하려면 연습이 필요하다. 먼저 부모가 평소 솔직한 모습을 보여야 하고 기꺼이 책임지는 태도를 가져야 한다. 아이들은 부모를 모방하면서 배우기 때문이다.

인간이 거짓말을 하는 이유는 크게 두 가지로 나눌 수 있다. 하나는 거짓말을 통해 이득을 보고자 할 때다. 다른 하나는 진실을 말했을 때 예측되는 상황이 두렵기 때문이다. 즉, 진실을 말한 후 그에 대한 책임을 회피하고 싶을 때다. 그러니 거짓말을 하지 않는 아이가 되길 바란다면 너무 많은 두려움을 심어 주지 말아야 한다. 책임져야 함을 가르치되 책임지는 것이 생각보다 어렵거나 두려운 일이 아니라는 것을 깨닫게 한다. 아이든 어른이든 인간의 성장은 크고 작은 깨달음을 통해서 일어난다.

책임질 줄 아는 아이는 더 당당해진다

요즘은 '스마트폰 시대'라고 해도 과언이 아니다. 아이가 어느 정도 나이가 되면 스마트폰은 필수다. 물론 맞벌이 부부가 늘어나면서 안전상의 문제 등으로 스마트폰은 아주 유용하게 사용된다.

하지만 그 유용성만큼 폐해도 크다. 강의 도중에 만나는 부모들의 고민 중에 빠지지 않고 나오는 질문이 바로 스마트폰에 대한 것이다.

"선생님, 산 지 일주일도 안 된 스마트폰을 아이가 잃어버리고 왔지 뭐예요. 이럴 때는 어떻게 해야 하죠? 연락할 때 꼭 필요하니 없어서도 안 되고, 그렇다고 새로 사 줄 수도 없고…."

"휴, 며칠 전에 새로 사 준 핸드폰을 뒷주머니에 넣고 축구하다가 떨어뜨려서 액정이 완전히 나갔어요. 속상해 죽겠어요. 어떻게 하죠?"

"선생님, 우리 애는 그저께 15만 원이나 들여서 고쳐다 준 핸드폰을 오늘 아침에 화장실 변기에 빠트려서 또 고장이 났어요. 정말 화가 나서 미치겠어요. 어떡하면 좋을까요?"

"밤이나 낮이나 밥 먹을 때도 핸드폰을 끼고 살아요. 도대체 대화를 할 수가 없어요. 뺏으면 난리를 치고, 보고 있자니 화딱지가 나고…. 답이 없어요. 답이."

"하라는 공부는 안 하고 핸드폰으로 계속 게임 하고 웹툰 만화 보고…. 공부하라고 텔레비전 치우면 뭐 해요? 핸드폰으로 다 보는데요."

조금씩 상황이 다르기는 하지만 거의 비슷한 이야기다. 이런 상황에서 대다수 엄마들은 화가 난다. 그래서 아이들에게 소리를 지르고 화를 내지만 근본적인 문제는 해결되지 않는다. 엄마들은 왜 자신이 그렇게 화가 나는지 깊이 생각해 보지 않는다. 모든 문제의 해결은 그 원인을 아는 데서부터 출발한다.

생각해 보자. 이때 엄마들은 왜 화가 나는 걸까? 구체적인 이유는 크게 네 가지다.

첫째는, 본전 생각이 나기 때문이다. 새로 사 줬든, 고쳐 줬든 비용을 지불했다. 그 비용은 전부 혹은 거의 다 부모가 지불했을 가능성이 높다. 설사 누군가에게 선물로 받았다고 하더라도 잃어버리거나 망가진 순간 새로 구입하거나 수리할 비용이 부모에게서 나갈 가능성이 크다. 결국 화가 나는 이유는 금전적 손실 때문이다.

둘째는, 잃어버리거나 망가졌을 때 어떤 조치를 취해야 하는데, 시간적 손실과 감정적 손실이 크기 때문이다. 나 역시 아이가 버스에 두고 내린 핸드폰을 찾기 위해 버스 차고지까지 다녀온 적이 있다. 여러 가지 일정이 겹쳐 바쁜 와중에 먼 곳에 있는 차고지까지 다녀와야 하는 일은 힘들다. 고장이 났을 때도 서비스센터를 방문하는 일을 엄마가 대신할 가능성이 많다. 그 번거로움과 수고로움을 엄마가 감당해야 하니 당연히 화가 난다.

셋째는, 아이가 똑 부러지게 제 것을 잘 못 챙기고 허술한 태도를 보이는 것이 맘에 안 드는 것이다. 자기 물건은 자기가 잘 챙기고, 자기 일은 자기가 알아서 하면 좋겠는데 말이다. 이런 태도가 커서까지 습관이 될까 봐 염려스러운 부모도 있다. 즉, 아이의 행동 습관, 생활 습관이 마음에 안 드는 것이다.

넷째는, 10분이라도 시간을 아껴서 공부를 했으면 좋겠는데 공부 시간을 뺏긴다는 느낌이 들어서다. 저렇게 핸드폰만 붙잡고 있다가는 시험도 망칠 것 같다. 그렇지 않아도 늘 갖고 있는 아이의 성적에 대한 위기감과 불안감이 고조된다.

화가 난 이유를 따져 봤으니 이제 어떻게 해야 할까? 하나하나 짚어보면서 합리적인 방법을 찾아야 한다. 자신의 화가 타당한지 짚어 본 후, 앞으로의 행동을 결정하면 된다.

첫째, 금전 손실 부분이다. 이 부분은 아이가 직접 책임질 수 있게 해야 한다. 아이의 연령과 상황에 따라 제각기 다르겠지만, 부모가 100퍼센트 해결해 주는 것은 바람직하지 않다. 명절이나 기념일에 받은 아이의 용돈이나 매월 지급하는 용돈에서 일정 부분을 아이가 부담하게 한다. 자신의 용돈이 줄어들고 그로 인한 불편을 몸으로 체감하면 아이 스스로 조심하게 된다. 쓸 수 있는 용돈이 적어지면 당분간 먹고 싶은 간식을 줄여야 할 수도 있다.

버스를 타고 가야 할 거리를 걸어가야 할 수도 있다. 여하튼 본인이 그 손실과 불편함을 직접 경험해 봐야 한다.

둘째, 시간 손실과 수고로움에 대한 부분이다. 이 부분 역시 아이의 연령대에 따라 다르게 대응한다. 아이가 초등학교 저학년일 때는 엄마가 동행할 수밖에 없다. 아이가 초등학교 고학년 정도가 되면 서비스센터에 혼자 갈 수 있다. 여러 가지 상황으로 혼자 갈 수 없을 때는, 갈 때만 동행해 주는 방법도 있다. 수리가 끝난 후 찾아오는 일은 아이의 몫으로 책임지게 한다. 중·고등학생쯤 되면 일처리 과정에 대한 조언만 해 줘도 된다. 아이 스스로 해결할 수 있다. 혼자서 해결하기 힘들 거라고 생각하는 건 순전히 노파심이다.

셋째, 습관의 문제다. 이 문제는 첫째와 둘째 문제에 대한 책임 문제를 잘 대응하는 연습을 시키면 거의 개선된다. 결국 핵심은 금전적, 시간적 손실과 신체적 수고로움을 아이가 직접 책임지게 해야 한다는 것이다. 아이의 습관을 고치고 싶다면, 절대 대신 해결하면 안 된다. 서투르고 시간이 걸리더라도 스스로 책임지게 한다. 그게 힘든 일이라는 것을 몸으로 느끼면 조심하게 되고 같은 일이 반복되는 상황이 현격히 줄어든다.

넷째, 공부와의 연관성이다. 이 부분 역시 아이들의 연령에 따라 다르게 대응한다. 아이들이 아직 어리고 부모의 훈육에 잘 따르는 나이일 때는 바른 습관을 길러 주기 위해 애써야 한다. 하지만 아이들이 사춘기에 접어들면 더 이상 부모의 말이 영향력을 발휘하기 힘들다. 스마트폰이든 컴퓨터든 TV든 바른 습관을 들이고 싶다면 초등학생 때 끝내야 한다. 공부에 대한 학습 습관도 마찬가지다. 늦어도 중학교 저학년 때까지는 끝내야 한다. 이 시기를 놓쳤다면 너무 애쓰지 않는 게 좋다. 부모와 자녀의 갈등만 깊어질 뿐이다. 그리고 성적에 대한 불안감은 부모의 것이지 아이의 것이 아니다. 부모가 느끼는 성적과 진학에 대한 불안감과 위기감을 아이에게 투사하지 않는 것이 좋다.

이렇게 하나하나 자신이 화가 나는 이유를 짚어 보면 근본적인 문제를 해결할 수 있다. 나 역시 세 아이들을 키우면서 어찌 이런 일들이 없었겠는가. 우리 아이들 역시 구입한 지 일주일밖에 안 된 핸드폰을 버스에 두고 내리기도 하고, 축구하다 망가뜨리기도 했다. 화장실 변기에 빠트리기도 했다.

그런데 내가 화가 나는 근본 이유를 알게 된 후부터 더 이상 화가 나지 않았다. 왜냐하면 더 이상 그로 인한 손실과 수고로움을 내가 책임지지 않겠다고 마음먹었기 때문이다. 최소한의 조언만 해 주고 나는 그 문제들에서 완전히 손을 뗐다. 그랬더니 마음이 아주 홀가분해졌다. 화도 올라오지 않았다. 내가 책임질 일도 아닌데 화가 날 이유가 어디에 있겠는가. 나는 그저 평화로운 일상을 유지하면 된다.

반면에 아이들의 해결 능력은 급속도로 발전했다. 요즈음은 하루만 핸드폰이 없어도 불편한 세상이다. 일주일쯤 핸드폰을 사용하지 못하면 만사 제쳐놓고 알아서 해결한다. 옆에서 가만히 지켜보니 여기저기 친구들에게 물어보고, 인터넷에 조회에서 서비스센터를 찾아보는 눈치다. 물론 나에게 먼저 물어봤다.

"엄마, 떨어뜨려서 액정이 완전히 나갔는데 어떻게 해야 해?"

"글쎄, 서비스센터에 가면 고쳐 주겠지."

"서비스센터가 어디에 있는데?"

"그건 나도 모르지. 인터넷에 찾아보면 있지 않을까? 친구들한테 물어봐도 되고…."

"엄마가 해 줄 수는 없어?"

"안 될 것 같은데…."

"왜?"

"바쁘기도 하고, 힘들어서 가고 싶지도 않네."

"그럼 그냥 가서 해 달라고 하면 해 줘?"

"아마 비용을 받겠지."

"얼만데?"

"난 모르지. 네가 가서 거기 직원한테 물어봐야지."

"나 돈 조금밖에 없는데, 어떻게 해?"

"글쎄, 어떻게 하면 될까? 다음 달 용돈 먼저 줄 수는 있는데. 그걸로 해 보든지."

결국 다음 달 용돈을 가불하여 사용한 아이는 아마 다음 달에 간식으로 즐겨 먹던 떡볶이를 못 먹었을 것이다. 가끔은 버스를 타는 대신 걸어 다니기도 했을 것이다. 나는 굳이 물어보지 않았다. 그것은 아이가 책임질 문제니까. 그저 혹시 용돈이 없어 간식을 못 사 먹어 너무 허기질까 싶어 가끔 집에 식빵을 좀 더 사다 놨을 뿐이다.

이 일을 계기로 중학생이던 아이는 핸드폰을 잃어버리거나 망가뜨리는 일이 줄어들었다. 어떤 문제가 발생했을 때 스스로 해결하는 힘도 늘었다. 그리고 아이와 나의 관계는 아주 평화로워졌다. 내가 책임지지 않아도 되니 굳이 화나지도 않고, 잔소리할 필요도 없다. 잔소리를 안 하게 되니 서로 마음도 안 상한다. 평화롭고 쾌적한 관계가 유지된다. 마음이 평화롭고 쾌적해지니 아이도 나도 더 행복하다.

어릴 때부터 자신의 일에 대해 책임지기를 연습한 아이는 더 당당해진다. 더 신중하게 행동하고 더 사려 깊게 생각한다. 더 크게 책임져야 할 순간이 와도 회피하지 않고 당연히 스스로 책임질 마음을 낸다. 그러니 이제 한 발짝 물러서서 아이가 스스로 책임질 수 있는 기회를 기꺼이 허용해 보자.

내 아이의 자존감을 키우는 말

여러 가지 감정들 중에서 자존감은 아주 중요합니다. 자존감은 자신을 지키는 힘이기 때문입니다. 우리는 살아가면서 다양한 실패와 좌절을 경험합니다. 그런데 이 실패와 좌절의 경험이 누구에게나 똑같은 강도로 작용하는 것은 아닙니다. 동일한 사건도 누군가에게는 자신의 역량을 높여 주는 플러스 요소로 작용하고, 누군가에게는 인생을 주춤거리게 만드는 마이너스 요소가 됩니다. 왜 이런 차이가 날까요? 바로 각자가 가지고 있는 자존감의 차이 때문입니다.

달리기를 해 보면 지치지 않고 더 오래 뛸 수 있는 사람이 있고, 쉽게 지쳐서 뛸 수 없는 사람이 있습니다. 개인이 키워 온 몸의 근력과 폐활량에 따라 버틸 수 있는 힘이 다르기 때문이지요. 평소 몸의 근력을 탄탄하게 다져 놓아야 합니다. 마찬가지로 실패와 좌절에 맞서 새롭게 도약하기 위해서는 마음의 근력 지수를 높여야 합니다. 마음의 근력 지수란 무엇일까요? 바로 자존감 지수라고 할 수 있습니다.

넘어져도 다시 일어설 수 있는 힘을 우리는 회복탄력성이라고 합니다. 공기가 가득 찬 축구공을 튕기면 바닥에 닿자마자 바로 다시 튀어 올라옵니다. 회복탄력성이 아주 좋은 거지요. 하지만 바람이 빠진 축구공을 튕기면 다시 튀어 오르지 않습니다. 올라올 수 있는 회복탄력성이 없는 거지요. 축구공에서 회복탄력성의 에너지원은 공기입니다.

사람에게 있어 회복탄력성의 에너지원은 바로 자존감입니다. 나라는 존재 속에 '자존감'이 얼마나 충만하게 채워져 있느냐에 따라 실패와 좌절을 맞닥뜨렸을 때 다시 튀어 오를 수 있는 '회복탄력성'이 달라집니다. 부모는 아이를 키울 때 회복탄력성이 높은 아이로 키워야 합니다. 그러려면 '자존감'이라는 에너지원을 가득 채워 줘야 해요. 자존감은 믿음과 긍정을 통해 만들어집니다. 아이에 대한 부모의 긍정적 해석과 믿음이 아이의 자존감을 높여 줍니다. 이렇게 형성된 자존감의 차이에 따라 세상을 대하는 아이의 회복탄력성이 달라집니다. 아이의 자존감을 단단하게 채워 주세요. 자존감을 키워 주는 말에는 어떤 것들이 있을까요?

1. "넌 정말 멋진 존재야"

아이의 존재 그 자체를 인정하는 말입니다. 무언가를 잘하고 못하고를 떠나 존재 자체로 가치가 있다는 것을 알려 주는 말입니다. 타고난 천성이나 능력과 관계없이 자신이라는 존재가 소중한 생명이라는 믿음은 아이의 자존감을 키우는 가장 기본 요소입니다. 또한 이 말은 자신이 부모에게 환영받고 있다는 느낌을 줍니다. 우리는 모두 누군가에게 환영받는 사람이길 원합니다. 부모에게 환영받는다는 느낌은 세상 속에서 환영받는다는 느낌으로 연결됩니다. 이것은 자존감을 높여 주고 세상을 살아가는 원동력이 됩니다.

2. "너무 애쓰지 않아도 돼"

잘해 보고자 하는 마음으로 무언가를 시도해도 때로는 잘 안될 때가 있습니다. 아이가 어릴 때는 그림 그리기나 레고 만들기나 로봇 조립 같은 사소한 결과물들이지만 커 갈수록 종류도 다양해지고 커집니다. 성장할수록 주변의 기대치는 높아지고 드러내야 할 성과물의 양은 늘어나지요. 노력을 통해 원하는 무언가를 성취하고 결과물을 내고 싶지만 생각대로 되지 않을 때 마음이 꺾일 수 있습니다. 그럴 때 너무 애쓰지 않아도 된다는 부모의 말은 초조한 아이의 마음을 다독여 줍니다. 내가 이룬 결과물이 조금 부족해도 그에 따라 자신의 가치가 변하는 것이 아니라는 믿음이 필요합니다. 긍정의 믿음은 실패의 순간에 자신을 지탱하고 다시 일으켜 세우는 버팀목이 되어 줍니다.

3. "너의 모든 선택과 결정을 지지하고 응원할게"

우리의 인생은 매 순간이 선택입니다. 아주 어려서 장난감을 선택하는 일부터 대학을 선택하고, 배우자를 선택하는 일까지 모든 것이 선택의 연속입니다. 타인에게 휘둘리지 않고 주도적인 삶을 살기 위해서는 자신을 위한 모든 선택에 자신감을 가져야 하지요. 언제나 옳은 선택만 하는 사람은 없습니다. 또한 처음부터 선택에 능숙한 사람도 드뭅니다. 왜냐하면 선택에는 필연적으로 포기가 따르기 때문입니다. 하나를 선택하면 그 외 다른 많은 것들을 포기해야 합니다.

우리가 쉽게 선택하지 못하는 이유는 다른 것들을 포기하기가 쉽지 않기 때문입니다. 포기해야 할 그 무언가 속에도 내가 갖고 싶고 놓치고 싶지 않은 것이 존재하거든요. 그래서 선택을 잘한다는 것은 포기를 잘할 수 있는 용기가 있다는 뜻입니다. 그러므로 모든 선택은 존중받아야 합니다. 매 순간 자신의 선택과 결정을 존중받을 때, 아이의 자기 결정력은 점점 더 높아집니다. 물론 언제나 옳은 선택만 하는 것은 아닙니다. 선택한 길이 돌이키기 어려운 힘든 길일 수도 있어요. 하지만 그러한 모든 시행착오를 성장을 위한 연습으로 받아들이는 열린 마음이 필요합니다. 그러려면 아이의 선택과 결정에 대한 부모의 전폭적인 지지와 신뢰가 필요합니다.

이러한 과정을 통해 아이는 욕심 부리지 않고 용기 있게 포기하는 법과 결단력 있게 선택하고 결정하는 법을 익혀 나갈 것입니다. 부모의 무조건적인 지지는 아이에 대한 무조건적인 신뢰에서 비롯됩니다. 세상 모든 사람들이 그건 아니라고 말할 때도 "네 선택을 믿어.", "네가 한 모든 결정을 응원하고 지지할게."라고 말해 줄 수 있어야 합니다. 그것이 내 아이를 위한 부모의 사랑입니다.

4. "네가 행복한 길을 선택해"

얼마 전 고등학교 1학년 기말고사까지 잘 끝낸 둘째 아이가 돌연 자퇴를 희망했습니다. 아이와 1시간쯤 진지하게 대화를 나누어 보았지요. 그런 다음 남편도 나도 망설이지 않고 아이의 생각을 존중하기로 했습니다. 아이는 이미 스스로 오랜 시간 생각한 뒤였고, 학교생활에서 더 이상 의미를 찾지 못했습니다. 그동안 아이는 성장하면서 다양한 종목에 흥미와 관심을 보여 왔습니다. 아이는 성장 과정 중에 있고, 흥미와 관심은 얼마든지 변할 수 있는 시기입니다. 한편으로는 자신의 인생에 대해 진지하게 고민하고 모색해 보는 나이이기도 합니다.

외부에서 볼 때 아이의 고등학교 자퇴는 낙오자로 여겨질 수도 있지만, 아이와 내겐 또 하나의 선택일 뿐입니다. 좀 색다르고 재미있는 에피소드. 부모의 관점은 아이에게 영향을 미칩니다. 아이는 부모의 관점으로 세상을 해석하는 경우가 많습니다. 부모가 자퇴를 심각한 실패나 사건으로 여기지 않고, 충분히 선택 가능한 경험과 도전으로 여긴다면 아이의 자존감도 손상되지 않습니다.

그 옛날 휴학이나 자퇴가 흔하지 않던 시절, 나 역시 고등학교 1학년을 다니다 휴학을 한 적이 있습니다. 인생이란 마라톤에서 1년쯤 쉬어가도 괜찮습니다. 에너지가 방전되기 전에 충분한 휴식을 통해 다시 채울 수도 있습니다. 어쩌면 그 휴식의 시간이 있었기에 그다음의 긴 시간들을 잘 버틸 수 있는 힘이 생겼는지도 모릅니다.

다른 사람이 쉽게 가지 않는 길을 간다는 것은 일종의 모험입니다. 모험의 세계에 용감하게 첫발을 디딘 아이의 결단은 얼마나 대견한지요. 아이의 새로운 시작을 진심으로 축복하고 자랑스러워 할 수 있는 이유는 '아이의 행복'이 최우선 가치이기 때문입니다. "네가 행복한 길을 선택해."라고 말할 수 있는 엄마의 자존감 지수는 높습니다. 이 말을 들은 아이의 자존감 지수도 높아집니다. 자존감 지수가 높은 엄마와 아이는 행복합니다.

5. "엄마는 언제나 네 편이야"

둘째 아이가 학교 자퇴 의사를 밝힌 다음 날, 내가 아이에게 한 첫말입니다.

"○○아, 축하 파티 해야지. 언제 할까? 어차피 자퇴할 거면 누구한테도 눈치 보지 마. 선생님한테도 친구들한테도 가족한테도 이웃에게도 아무에게도 눈치 보지 말고 일단 재미있고 신나게 놀아. 엄마가 가장 원하는 건 네가 행복한 거야. 그리고 엄마는 언제나 네 편이야. 알지?"

부모가 가장 원하는 것은 당연히 아이의 행복입니다. 또 부모는 당연히 아이 편입니다. 그럼에도 분명하게 언어로 표현해 주지 않으면 아이는 잘 모를 때가 많습니다. 아니 어쩌면 부모 자신도 잘 모르는 경우가 있습니다. 분명히 가장 원하는 건 아이의 행복이고 아이 편인데도, 마치 아이의 적군처럼 반대편에서 으르렁거리기도 합니다. 서로를 할퀴고 상처 입히며 힘겨운 갈등과 싸움을 계속합니다. 아이에게 부모가 반대편처럼 느껴지면 정서적 안정감을 갖기 힘듭니다. 불안하고 위축되고 자신감도 줄어듭니다. 당연히 자존감 지수도 낮아집니다. 그러니 아이의 자존감 근력을 키워 주고 싶다면 이렇게 말해 주세요. "엄마는 언제나 네 편이야." 아이는 안정감을 가지고 자신의 인생을 헤쳐 나갈 탄탄한 믿음을 가지게 될 것입니다.

5장

아이의 감정을 존중하는 상황별 육아법

말하기

감정 표현을 잘해야 건강하다

아이의 언어 표현력을 높이려면

아이가 어릴 때는 자신의 감정이나 생각을 말로 정리해서 표현하기 어렵다. 단순하게 단어만을 말하는 경우도 있다. 이럴 때 "너는 왜 제대로 말을 못 하니?"라고 윽박지르거나 혼내는 것은 금물이다. 아이를 더 위축시키고 소심하게 하는 결과를 낳는다. 가끔은 이런 경우도 있다. 엄한 표정과 목소리로 "이렇게 말하는 거야. 그래. 엄마가 먼저 말해 볼 테니까 그대로 따라 해 봐."라며 엄마 마음에 들 때까지 반복 연습시키는 것이다. 이 방법 역시 바람직하지 않다. 엄마의 엄한 표정 때문에 할 수 없이 엄마가 원하는 대로 따라 하기는 하지만 마음은 위축된다. 아이의 표현력을 키우고 싶다면 엄마가 다양한 표현을 부드럽고 분명하게 사용하는 것이 제일 좋다.

예를 들어 길을 가다 벚꽃을 보면 "아, 꽃이 피었네. 예쁘다." 라고 말하는 엄마가 있다. 또 "어머, 봄이 되니 꽃이 활짝 피었구나. 마치 나무에 눈꽃이 내려앉은 것 같네. 꽃잎이 너무 작고 예쁘다. 그치? 한번 만져 볼래? 솜사탕처럼 가볍네. 색깔도 참 예쁜데 무슨 색일까? 흰색 같기도 하고 분홍색 같기도 하다. 너는 어떤 색이 더 좋아?"라고 말하는 엄마도 있다. 어떤 엄마 밑에서 자란 아이가 더 언어 표현력이 풍부해질까? 당연히 표현력이 풍부한 엄마 밑에서 자란 아이가 더 우수하다.

아이가 어릴 때는 굳이 국어, 영어, 수학, 과학, 사회 등의 교과목을 구분하여 가르치지 않아도 된다. 산책길에 만나는 꽃 하나를 가지고도 그 모든 걸 어렵지 않게 가르칠 수 있다. 생활 속에서 자연스럽게 이야기하듯이 주고받는 대화가 더 부담감 없이 아이에게 스며든다. 예를 들면 이런 것이다. 다시 벚꽃 나무의 예를 들어 보자.

'봄이 되니 벚꽃이 피었구나.'라는 말에서 '아, 겨울이 지나 봄이 되면 꽃이 피는구나.', '지금은 봄이구나.', '봄에 피는 꽃에는 벚꽃이라는 게 있구나.', '이 꽃나무의 이름이 벚꽃 나무구나.' 이 런저런 과학 상식들을 체득할 수 있다. '꽃잎이 너무 작다.'라는 말에서 '작다'와 '크다'의 크기 비교와 '적다'와 '많다'의 수량 비교도 함께 익힐 수 있다. '한번 만져 볼래?'에서는 촉감이나 질감을 느낄 수 있다. '흰색'과 '분홍색'이라는 말에서 색의 구분을 연습할 수 있다. '예쁘다', '좋다'라는 단어에서는 자신의 느낌이나 생각을 표현하는 법을 익힐 수 있다. 물론 엄마가 좀 더 자세히 설명해 주면 더 좋다. 이렇게 다양한 언어 표현에 노출된 아이는 누가 일부러 가르치거나 강요하지 않아도 생활 속에서 자연스레 그러한 것들을 체득한다.

언어 표현을 잘 못하는 아이

친구랑 놀다가 느닷없이 울 때 그 울음이 길어지면 엄마들은 대개 화가 나서 소리를 지른다. "도대체 왜 우는 거야? 말을 해야 알지? 울지만 말고 말을 하라니까." 이때 엄마들만 답답한 것이 아니라 아이들도 답답하다. 자신의 상황이나 현재 마음 상태를 엄마에게 전달하고 싶은데 어떻게 표현해야 할지 모른다. 답답하고 급한 마음이 울음으로 표현되는 것이다. 이럴 땐 너무 재촉하지 말고 울음을 그칠 수 있도록 좀 기다려 준다. 살짝 안고 등을 토닥토닥 두드려 주거나 쓰다듬어 주는 것도 좋다.

"울지 마."라는 말보다
"괜찮아. 괜찮아.
좀 울고 나서 천천히 이야기해도 돼."라는 말이
울음을 진정시키는 데
더 효과적일 수 있다.

아이가 상황 설명을 하기 힘들어할 때는 엄마가 상황을 유추하여 객관식으로 여러 개를 제시해 본다.

"왜 울었어? 말하기 힘들구나. 그럼 엄마가 한 번 알아맞혀 볼까? 음, 1번, 친구가 장난감을 혼자서만 가지고 논다. 2번, 친구가 밀쳤다. 3번, 친구들이 ○○를 놀이에 안 끼워 준다. 4번, 친구가 놀렸다. 5번, 친구가 ○○ 장난감을 뺏었다. 음, ○○ 생각에는 몇 번이 맞는 거 같아?"

그중에서 아이는 자신의 상황에 맞는 설명을 고를 수도 있고 도리도리 고갯짓을 하며 아니라는 표현을 할 수도 있다. 그럼 다른 설명을 첨가한다. 그렇게 몇 번 되풀이하다 보면 아이의 상황에 맞는 설명이 나오게 마련이다. 질문을 던지면 아이들은 좀 더 쉽게 자신의 상황을 표현할 수 있다. 엄마와 하는 퀴즈 놀이 같은 느낌에 울음도 좀 더 수월하게 잦아든다. 이와 같은 객관식이 어려우면 각각의 문항에 대해 OX 문제처럼 접근해도 좋다. 이렇게 하여 적당한 답이 나오면 명확한 언어로 상황을 한번 정리해 주는 과정이 필요하다. 이때 마지막으로 엄마가 상황을 다시 한 번 반복하여 정확한 언어로 제시해 주는 것이 좋다. 엄마의 명확한 표현법은 알게 모르게 아이에게 스며들고 자연스레 학습되는 효과가 있다.

"아, 그러니까 친구가 ○○ 장난감을 뺏었구나. 그래서 울었구나."

아이는 고개를 끄덕이거나 간단한 말로 답할 것이다. 그다음 아이의 감정을 읽어 주는 과정이 필요하다.

"그래서 ○○가 많이 속상했구나."

여기에서 상황이 허락한다면 감정을 좀 더 세분화하여 들여다보는 것도 좋다.

"그래서 지금 ○○이는 속상한 거야? 화가 난 거야? 억울한 거야? 그냥 기분이 안 좋은 거야?"

생활 속에서 이런 훈련이 자연스럽게 된 아이는 자신의 감정과 타인의 감정을 좀 더 세밀하게 알아채는 능력이 길러진다. 다음으로 어떻게 해결하면 좋을지에 대한 의논이 필요하다. 이때도 엄마가 전적으로 해결해 주는 것은 좋은 방법이 아니다.

"알았어. 엄마가 해결해 줄게. 울지 마." 하며 빼앗긴 장난감을 친구에게서 엄마가 직접 찾아다 주는 행위는 아이의 문제 해결 능력을 약화시킨다.

"그래서 ○○가 지금 많이 화가 났구나. 어떻게 하면 좋을까?" 하며 아이의 의견을 먼저 물어보는 것이 좋다. 하지만 아이에 따라 어떻게 하면 좋을지 스스로 생각하기 힘든 경우도 있다. 이럴 때 역시 엄마가 여러 가지 해결 방법을 생각하여 객관식으로 제시해 주는 방법을 사용해 보자.

"음, 그럼 엄마 생각을 말해 볼게. ○○ 생각에는 어떤 것이 좋을지 골라 봐. 1번, ○○ 혼자 친구에게 가서 내 장난감을 돌려 달라고 이야기한다. 2번 엄마와 함께 가서 ○○가 돌려 달라고 말한다. 3번, 친구가 잠시 가지고 놀 수 있도록 빌려준다. 4번, 친구에게 ○○ 장난감을 가지고 놀게 하고 대신 친구 장난감을 ○○에게 빌려 달라고 말한다. 5번, 엄마랑 아이스크림을 한 개 사 먹고 와서 천천히 다시 생각해 본다. 어떤 게 좋아? 다 마음에 안 들면 다른 생각을 말해도 돼."

이 모든 과정 속에 각 단계마다 엄마가 명확한 언어 표현으로 한 번씩 정리를 해 주는 과정이 필요하고, 마지막으로 전체를 아울러 정리해 주는 과정도 필요하다.

이런 과정을 통해 아이는 자신이 처한 상황을 올바르게 설명하고, 그로 인한 자신의 감정을 알아채고, 현명한 해결 방안을 모색해 가는 과정에 익숙해진다. 처음에는 부모의 도움이 필요하지만 익숙해지면 혼자서도 알아서 잘 해결하는 아이로 성장할 것이다.

거친 언어를 사용하는 아이

요즘 사춘기 아이들의 거친 언어 표현은 사회적으로 문제가 될 만큼 심각하다. 아이들은 언제부터 욕을 사용할까? 대략 다섯 살이나 일곱 살 무렵 또래 집단 속에서 놀면서 조금씩 사용하기 시작한다. 하지만 영어 수학을 가르치는 것처럼 누군가 특별히 시간을 내서 욕을 가르치는 것은 아니다. 그런데도 아이들은 참 쉽게 욕을 배우고 익힌다.

욕이 기억에 미치는 영향에 대한 연구의 실험 결과에 따르면 긍정적 단어, 부정적 단어, 중립적 단어들을 마구 섞어서 보여 주었을 때 인간의 뇌는 부정적 단어들을 훨씬 더 잘 기억한다. 또 그 단어들 속에 자극적인 욕이 섞여 있을 때, 사람들은 욕을 훨씬 더 잘 기억한다. 왜 그럴까? 어감이나 에너지가 굉장히 세기 때문이다. 또 욕이라는 것이 듣는 사람의 마음에 상처를 남기거나 강한 자극을 주기 때문이다.

하지만 욕은 아이들의 뇌 발달과도 아주 밀접한 관련이 있기 때문에 어릴 때부터 부모의 세심한 관심과 지도가 필요하다. 뇌량은 좌뇌와 우뇌를 연결하는 신경 다발의 통로다. 이 뇌량이 잘 발달해야 좌뇌와 우뇌가 가진 정보가 활발하게 교류할 수 있다. 어린 시절에 거칠고 나쁜 말에 너무 많이 노출되면 뇌량은 구조적인 변형을 일으키고, 그로 인해 역할을 제대로 수행하지 못한다.

감정과 기억을 담당하는 변연계의 한 부분인 해마는 나쁜 말의 영향으로 위축되고 손상되어 우울증을 유발하기도 한다. 사람의 뇌는 스트레스를 많이 받으면 코르티솔이라는 호르몬 분비를 촉진시킨다. 이 호르몬은 뇌를 발달시키는 시냅스 작용을 방해하는 역할을 한다. 청소년기의 뇌는 시냅스 작용이 잘 이루어져야 정상적으로 활발히 발달하고 그 기능을 잘 수행할 수 있다. 지속적인 언어폭력이나 스트레스에 노출되면 뇌가 상처를 받고 손상되기 때문에 제대로 발달하지 못한다. 특히 어릴 때부터 나쁜 말이나 부정적인 언어폭력에 많이 노출된 아이들은 그만큼 스트레스를 많이 받게 되고 이에 따라 뇌량과 해마가 위축되는 현상이 발생한다.

또한 뇌의 완성이 이루어지는 청소년기의 뇌 속에서는 쓸모없는 정보들은 알아서 잘라내 버리고 자주 사용하는 정보들은 기억을 하게끔 해 주는 프루닝(pruning, 가지치기) 작업이 진행된다. 욕을 많이 하면 좋은 가지들이 잘려 나가고 안 좋은 가지들이 자라난다. 그러면 당연히 어휘력이나 기억력도 부족해져서 학습 능력도 저하되는 결과가 생긴다. 또 사회성도 부족해지는 결과를 초래하여 몸과 마음이 올바르고 건강한 성인으로 성장하기 힘들어진다. 이렇게 욕은 몸과 마음의 올바른 성장에 막대한 영향력을 행사한다. 그런데도 왜 아이들은 욕을 무분별하게 사용할까? 여러 가지이유가 있겠지만 크게 다음 세 가지로 나누어 볼 수 있다.

첫째는, 거친 말을 사용함으로써 자신의 힘을 과시할 수 있다고 느끼기 때문이다.

둘째는, 많은 친구들이 욕을 사용하는 분위기에서 자신만 왠지 소외되는 느낌이 들기 때문에 동질감을 느끼기 위해서다.

셋째는, 그 욕 속에 담겨 있는 정확한 의미를 모르기 때문이다.

무분별하게 사용되는 욕의 어원을 잘 살펴보면 차마 입에 올리기 어려운 뜻들이 담겨 있다. 아이들의 연령이 어릴 때는 부모의 엄한 표정이나 주의만으로도 욕을 하는 것을 막을 수 있다. 어릴 때부터 바르고 고운 언어를 사용하는 습관이 길러지면 좋겠지만 연령이 높아지면서 부모의 주의만으로는 제어하기 힘들 때도 있다. 이럴 땐 유튜브를 이용해 욕의 어원에 대한 동영상을 보여 주는 것으로 교육적 자극을 주는 방법이 있다. 자신이 함부로 내뱉는 욕 속에 담긴 무시무시한 의미를 알고 나면 욕이 한결 줄어들 것이다.

무엇보다 중요한 것은 가정에서부터 부모가 올바른 언어를 사용하는 것이다. 아이들은 부모를 보고 배운다. 부모가 먼저 바르고 고운 언어를 사용하는 모범을 보여야 한다. 가끔 아이가 욕설과 거친 말을 내뱉을 때 거친 언어에 자극을 받아 부모가 감정적으로 대응하는 경우가 있다. 이런 경우 교육적인 효과를 기대하기 힘들다. 아이의 감정과 언어와 태도에 부모가 휘둘리지 않는 꿋꿋함이 필요하다. 언어는 그 사람의 품격을 드러낸다. 내 아이가 품격 있는 어른으로 성장하길 원한다면 거친 언어들은 사용하지 않는 습관을 들일 수 있도록 부모와 아이가 함께 노력하는 자세가 필요하다.

아이는 놀면서 성장한다

따사로운 햇빛이 화사하게 빛나던 5월의 어느 오후. 전화벨이 울린다. 받아 보니 큰아이 친구 엄마다. 뭔가 이야기를 할 듯 말 듯 살짝 머뭇거린다. 분명 할 말이 있어서 전화를 했건만 뭔가 내 쪽에서 이야기의 물꼬를 먼저 터 주기를 기다리는 눈치다.

"왜요? 무슨 일이에요? 편하게 말씀해 보세요."

이렇게 운을 떼자 마치 기다렸다는 듯 이야기를 시작한다.

"혹시 집에서 고스톱 치세요?"

"고스톱요? 아뇨. 안 하는데요?"

"그래요? 그럼 혹시 집에 화투는 있으세요?"

뭔 이야기를 하려고 이토록 머뭇거리며 생뚱맞은 이야기를 꺼낼까 궁금증이 올라온다.

'우리 집에 화투가 있었나? 예전에 있긴 한 거 같은데, 그게 아직 있으려나? 어디 있었더라?' 기억을 더듬으며 대답했다.

"네. 있긴 한 거 같은데 어디 있는지는 잘 모르겠어요. 아직 있는지도 모르겠고…."

"혹시 ○○가 애들 모아 놓고 화투 가르쳐서 같이 노는 거 아세요?"

애써 참고는 있지만 목소리에 분노가 섞여 있는 것이 느껴진다. 이건 또 무슨 일인가 싶다.

"네? 언제요? 어디서요? 걔한테 화투도 없을 텐데요."

"우리 집에 명절 때 식구들 모이면 사용하는 화투가 있어요. 그걸로 애들이 우리 집에서 모여 놀고 있어요. 그런데 우린 애들한테는 그런 거 안 가르쳐서 할 줄 모르거든요. ○○가 가르쳐 주었대요. 혹시 애한테 화투 가르치셨어요?"

한껏 예의를 차려서 말하고 있지만 어떤 몰상식한 부모가 애들한테 그런 걸 가르쳤느냐는 질책이 목소리에서 묻어난다. 그제야 어찌된 상황인지 짐작이 간다.

'아, 근데 이 상황을 어떻게 설명해야 하나?' 난감하다.

나는 태어날 때부터 증조할머니와 함께 살았다. 거의 50여 년 전이니 1970년대 초 얘기다. 전기도 잘 들어오지 않던 산골 마을에서 날이 어두워지면 할머니는 호롱불을 밝히셨다. 긴 겨울 밤 무료해진 할머니는 네다섯 살 된 나를 데리고 화투를 가르치셨다. 이건 솔이고, 이건 목단이고, 이건 달인데 숫자는 이게 1이고, 이건 …인데, 이거랑 이게 합쳐지면 몇 점이고…. 나름 알고 계신 화투의 모든 것을 어린 나에게 전수(?)하셨다. 그런 다음 날이 밝으면 당신의 실적(?)을 가족들이랑 놀러 오신 이웃 어른들에게 자랑삼아 말씀하시곤 했다.

"글쎄, 얘가 이걸 한 번 가르쳐 주면 다 알아. 봐, 이리 앉아 봐. ○○야, 이건 뭐지?"

그러면서 내가 알아맞힐 때마다 함박웃음을 지으며 흡족해 하셨다. 한글을 모르시는 할머니에게 그건 일종의 낱말 카드와 비슷한 의미였다. 어린 증손녀를 데리고 흡사 한글을 가르치듯 화투장의 숫자와 그림을 알려 주며 대견해 하셨다. 일종의 놀이였던 것이다. 부모님은 그런 할머니를 굳이 막지 않으셨고, 나와 동생들은 그저 할머니와 하는 놀이의 하나로 자연스럽게 생각했다.

초등학교도 입학하기 전의 어린 시절 놀이였고 추억이었다.

이 기억을 다시 끄집어낸 건 많은 세월이 흘러 내가 첫아이를 낳고 난 후다. 어느 날 문득 할머니와 했던 놀이가 떠올랐다. 곰곰이 생각해 보니 그 놀이 안에 아주 많은 교육적 효과가 담겨 있었다. 1에서 12까지의 숫자와 그림을 일치시키고, 비슷한 종류의 그림을 분류할 수 있어야 한다. 각각의 그림이 가지고 있는 점수로서의 가치를 환산할 수 있어야 하고, 당연히 덧셈과 뺄셈도 할 수 있어야 한다. 보이지 않지만 상대의 손에 든 것을 유추할 수 있어야 하고, 전체 흐름을 보는 안목과 종합적인 사고 과정도 필요하다. 나에겐 수학과 미술과 여러 과목이 합쳐진 훌륭한 종합 교육 도구 세트처럼 느껴졌다.

'그래. 아이가 좀 크면 나도 할머니처럼 아이에게 이걸 가르쳐야겠다. 아주 좋은 교육 도구야.'

이런 생각을 했다. 그렇게 아이는 어린 시절의 내가 그랬듯 놀이의 하나로 자연스럽게 그 게임을 이해했다. 그런 다음 아이가 더 자라고 여러 가지 교육 환경에 노출되면서 그 놀이는 나에게서도 아이에게서도 잊혔다. 그런데 그날 친구 집에서 놀다가 화투를 발견한 아이들은 그 놀이를 궁금해 했고, 게임의 규칙을 알고 있는 첫째는 친구들에게 친절하게 설명한 것이다. 아이에게 그 과정은 그냥 부루마블 게임을 설명하는 것과 흡사한 의미였다.

여하튼 이 화투 소동은 초등 저학년이던 아이들 세계에서 파장을 일으켰고, 엄마들은 항의 아닌 항의를 했다. 사과와 함께 배경 설명을 한 후 다행히 이 일은 마무리되었다. 물론 다시는 이런 일이 없도록 하겠다는 약속과 함께. 이 일은 지금까지도 아이와 나를 웃음 짓게 하는 한바탕 소동으로 기억에 남아 있다.

모든 아이들은 놀이를 통해 배우고 성장한다. 놀이는 자신의 정체성을 찾고 확립해 나가는 데 가장 훌륭한 도구이며 과정이다. 또한 놀이에는 많은 학습 요소들이 포함되어 있다. 다양한 놀이를 통해서 아이들은 더 재미있고 쉽게 통합적 사고력을 기를 수 있다. 놀이는 신체를 단련시켜 주기도 하고, 마음을 단련시켜 주기도 한다. 그래서 나는 잘 노는 아이를 좋아한다. 그런데 아이에 따라 놀이 방법을 잘 모르는 아이도 있다. 또 놀이에 너무 몰입하는 아이도 있다. 어떻게 해야 할까?

놀이 방법을 잘 모르는 아이

놀이 방법을 잘 모르는 아이들을 살펴보면 놀이 경험이 부족해서라는 것을 알 수 있다. 페트병 하나만 있어도 이런저런 방법으로 놀이 방법을 응용해 가며 잘 노는 아이가 있다. 하지만 어떻게 해야 할지 몰라서 멀뚱멀뚱 보기만 하는 아이도 있다. 레고 놀이를 해도 완성해 가는 과정을 즐기며 다양한 형태를 만들어 보는 아이가 있다. 반면에 설명서에 소개된 형태로 완성 후 그 상태로 두고 보기만 하는 아이도 있다.

흔히 놀이는 아이들이 자연스레 익혀 가는 과정이라고 생각한다. 물론 그런 측면도 있다. 하지만 유난히 잘 놀 줄 모르는 아이가 있다면 좀 더 적극적인 도움을 주는 것이 좋다. 아빠 엄마가 의도적으로 시간을 내어 함께 놀아 주는 시간을 지속적으로 갖는다. 놀고는 싶은데 어떻게 노는지 모르는 아이들은 놀이 욕구가 충족되지 않는다. 그러면 짜증이 늘고 친구들과도 원만하게 어울리기 힘들어진다.

아이들과 함께 할 수 있는 놀이의 종류는 무척 많다. 색종이 접기, 동화책 읽기, 레고 놀이, 소꿉놀이, 그림그리기, 로봇 놀이, 인형 놀이…. 자전거 타기, 씽씽카 타기, 축구, 배드민턴, 수영, 달리기…. 이외에도 재활용을 이용한 여러 가지 만들기, 수수깡이나 우드락을 이용한 만들기, 밀가루 반죽, 핫케이크 굽기, 간단한 요리 함께 만들기…. 무궁무진하다.

큰아이와 둘째 아이는 다섯 살 차이다. 그래서 큰아이는 동생이 태어날 때까지 외동아이처럼 부모의 관심과 사랑을 독차지하며 자랐다. 게다가 그 당시에는 내가 미술학원을 운영하고 미술 지도를 하던 때다. 아이의 주변에는 늘 미술 재료와 자극이 넘쳐났다. 젊고 열성적인 선생님이자 엄마였던 나는 당연히 아이에게 다양한 교육적 자극을 주었다. 부드럽고 애정 있는 충분한 설명과 놀이로 아이의 놀이 욕구를 충족시켜 주었고, 아이와의 놀이 시간을 마다하지 않고 즐겼다. 그 결과 아이는 혼자서도 잘 놀고, 친구들과도 잘 노는 아이로 성장해 갔다.

반면에 둘째 아이는 태어나자마자 나에게서 떠났고, 돌아와서도 사랑과 관심을 받지 못하고 방치되었다. 그 결과 교육과 놀이에 대한 자극을 전혀 받지 못한 아이는 잘 놀 줄 모르는 아이로 성장했다. 갖고 싶어 하는 레고 세트가 있어서 큰 맘 먹고 고가의 레고를 사 준 적이 있다. 혼자 만드는 방법을 모르는 아이는 레고를 앞에 펼쳐 놓고 짜증과 울음을 반복했다. 보다 못한 아빠가 설명서를 보며 만들어 완성해 주었다. 잘 보고 재미있게 가지고 놀다가 다음에는 혼자서도 만들어 보라는 의미였다. 그런데 다시 만들 것이 두려워진 아이는 형태가 망가질까 봐 가지고 놀지도 못하고 책장 위에 올려놓기만 했다. 다른 사람에게도 만지지 못하게 했다. 가지고 놀다가 부서지면 아빠가 다시 도와준다고 말해도 막무가내였다. 그렇게 그 레고는 처음의 형태를 유지한 채로 책장 위에서 전시된 듯, 방치된 듯 몇 년 동안 자리만 차지했다. 비싼 돈을 지불하고 산 장난감을 제대로 가지고 놀지도 못 하고 이사와 함께 버려졌다.

이러한 상황을 보면서 내가 깨달은 건 놀이도 경험이 필요하다는 것이다. 아빠 엄마와 함께 즐거운 분위기 속에서 다양한 놀이의 형태를 접한 아이는 그만큼 놀이 능력이 발달한다. 또한 놀이와 함께 부모와의 정서적 유대감이 깊어진다. 이렇게 깊어진 부모와의 정서적 유대감은 아이의 정서를 더 안정감 있게 발달시킨다. 정서가 안정된 아이는 그만큼 다른 면에서도 자신의 역량을 잘 발휘할 수 있다. 하지만 아빠 엄마와 놀이의 경험이 부족한 아이는 이 모든 것들이 부족한 상태로 성장한다.

밤늦게까지 놀이에 몰입한 아이

큰아이가 일곱 살 무렵이었다. 아이는 한창 마카로니로 목걸이 만들기에 심취해 있었다. 흔히 샐러드 재료로 들어가는 약간 굽은 모양의 마카로니에 형형색색 물감으로 색칠한 후 완전히 말려서 낚싯줄에 꿰면 목걸이가 완성된다. 색칠과 건조는 어제 끝났고 오늘은 줄에 꿰기만 하면 된다. 아이의 서툴고 작은 손으로 하나하나 꿰자니 생각보다 시간이 오래 걸렸다. 오후 3시쯤에 시작했는데 밤 10시가 지나서도 끝나지 않았다. 한 개만 만드는 것이 아니라 이건 아빠 거, 이건 엄마 거, 이건 누구 거… 하며 만들다 보니 시간이 꽤 걸렸다.

"○○야, 벌써 10시가 넘었는데 안 잘 거야?"

"네. 이거 다 하고 잘래요."

이때 어떻게 하는 게 좋을지 잠시 생각했다. 놀이를 중단시키고 일찍 재우는 것이 좋을까? 아니면 방해하지 않는 것이 좋을까? 잠깐 생각한 끝에 몰입을 방해하지 않는 것으로 마음을 정했다. 멈추게 하기에는 아이의 몰입도가 너무 높은 상태였고, 표정이 너무 진지했다. 결국 아이는 새벽 2시가 되어서야 만들기를 끝내고 잠자리에 들었다. 중간에 잠깐 저녁을 먹은 시간을 제외해도 10시간 넘게 한 가지 활동에 집중한 것이다.

이러한 집중력과 끈기는 아이가 커 가면서 레고 만들기와 장난감 조립으로 이어졌다. 초등 고학년이 되고 중학생이 되고, 고등학생이 되면서는 공부로 이어졌다. 10시간 동안 한 가지 활동에 몰두할 수 있는 아이는 10시간 동안 공부에 몰두할 수 있는 아이로 성장해 갔다. 한 가지 활동에 몰입한 경험이 있는 아이는 다른 활동에도 끈기 있게 집중력을 발휘할 수 있다. 그러니 가능한 한 아이의 몰입을 방해하지 말고 지지해 주자.

친구 사귀기
관계의 첫걸음은 '나 자신'부터

인간은 사회적 존재다. 그렇기 때문에 사회 속에서 관계를 어떻게 형성해 가느냐에 따라 행복과 불행에 영향을 받는다. 아이들은 자라면서 또래 집단을 형성하고, 그 또래 집단 안에서 상호작용을 통해 사회성을 확장시켜 나간다.

아이를 유치원에 보내고 학교에 보내면서 부모들이 가장 신경쓰고 우려하는 부분이 있다. '내 아이가 친구들에게 따돌림 당하지 않고 잘 화합하며 놀 수 있을까?'이다. 그래서 첫아이를 학교에 입학시킨 엄마는 설렘 반 걱정 반으로 교문 앞을 서성인다. 더

군다나 '은따'와 '왕따'를 포함한 학교 폭력이 사회 문제가 되고 있는 요즘이다. 또래 집단에서 내 아이가 어떻게 생활하는지가 사뭇 신경 쓰일 수밖에 없다. 아이 친구 엄마들과 모임을 만들고 적극적으로 참여하는 이유 중 하나도 여기에 있다. 그 속내를 살펴보면 내 아이가 또래 집단에서 소외되지 않고 잘 섞이기를 바라는 마음이 포함되어 있다. 그래서 모임에 참석할 형편이 안 되는 엄마들이나 워킹맘들은 마음 한 편이 더 불안하고 초조하다. 행여 내 아이가 잘해 나가고 있는지 우려가 된다.

그런데 부모가 아이를 키우면서 간과하는 점이 있다. 관계의 첫걸음은 '나 자신'부터라는 것이다. 어떤 다른 대상과의 관계보다 나 자신과의 관계가 가장 중요하다. 나 자신과의 관계가 잘 형성된 아이는 타인과의 관계도 좀 더 쉽게 형성한다. '나 자신'과의 관계란 어떤 것일까? 내가 나를 어떤 사람으로 생각하는지를 말한다. 나는 나를 어떤 사람이라고 생각하고 있을까?

'나는 적극적인 아이인가? 소극적인 아이인가?' '나는 장점이 많은 아이인가? 단점이 많은 아이인가?' '나는 사랑스러운 아이인가? 사랑스럽지 않은 아이인가?' '나는 자랑스러운 아이인가? 부끄러운 아이인가?' '나는 부드러운 아이인가? 까다로운 아이인가?' '나는 사람들에게 예쁨 받는 아이인가? 미움 받는 아이인가?' '나는 사람들에게 기쁨을 주는 아이인가? 실망을 주는 아이인가?' '나는 환영받는 아이인가? 배척받는 아이인가?' '나는 무엇을 잘하고 무엇을 못하는 아이인가?' '나는 나를 좋아하는가? 싫어하는가?'

아이가 자신에 대해 어떻게 느끼고
어떻게 생각하는지는
아이의 자존감과 관계 형성에
영향을 미친다.

자신과의 관계 형성이 자존감에 영향을 미치므로 유아기 때부터 잘 이루어져야 한다. 여기에 지대한 영향을 미치는 것이 부모의 태도다. 부모가 아이의 감정과 생각을 얼마나 존중하며 양육했는지에 따라 아이의 자존감이 다르게 형성된다. 또한 아이에 대해 무심코 내뱉은 부모의 평가는 아이가 자신에 대한 자아상을 확립하는 데 막대한 영향을 끼친다. 아이는 부모의 눈으로 자신을 보고 세상을 본다. 부모의 선호도가 담긴 평가를 절대적 진실로 받아들인다. 내 아이가 관계의 첫걸음인 자신과의 관계를 행복하게 형성할 수 있도록 응원해 주자.

아이들도 성향에 따라 잘 맞는 친구가 있다

가족 안에서 부모와 안정적인 관계를 형성하고, 형제자매와 건강한 관계를 형성한 아이들은 또래 집단에서도 좀 더 수월하게 관계를 맺어 나갈 수 있다. 그러나 내 아이가 모든 아이들과 사이좋게 놀기를 원하는 건 욕심이다. 아이들마다 타고난 기질과 빛깔이 다르기 때문이다. 많은 부모들이 아이들에게 "친구들과 사이좋게 놀아라."라는 말을 한다. 하지만 아이들에게 그건 쉬운 일이 아니다. 아이들뿐만 아니라 어른인 부모 역시 언제나 모든 사람들과 사이좋게 놀기는 어렵다.

코드가 안 맞는 친구와 억지로 가깝게 지내기를 강요할 필요는 없다. 색깔이 다른 친구와는 약간의 거리두기가 오히려 더 좋은 관계를 유지하는 비결이 될 수도 있다. 다만 코드가 안 맞는 친구라고 하여 비난하거나 무시하는 행동은 삼간다. 누군가를 비난하거나 무시하는 마음은 상대에게 상처를 주기도 하지만 무엇보다 자신의 마음을 힘들게 한다. 사람이든 물건이든 어떤 대상에 대한 거부의 마음이 커지면 부정적 감정을 일으킨다. 부정적 감정은 심기를 불편하게 하고 불필요한 에너지를 소모하게 한다.

물감을 섞어 본 적이 있는가? 색상환에서 이웃하는 색깔을 섞으면 원래의 색을 크게 손상시키지 않고 아름다운 중간색이 나온다. 빨강과 노랑을 섞으면 따뜻한 주황색이 나오고 주황과 노랑을 섞으면 예쁜 오렌지색이 나온다. 노랑과 초록을 섞으면 상큼한 연두색이 나오고 노랑과 파랑을 섞으면 싱그러운 녹색이 나온다. 이렇게 서로 이웃하는 색들은 서로를 살리면서 새롭게 고운 색상을 만들어 낸다.

하지만 완전 반대되는 색상인 보색을 섞으면 어떻게 될까? 보색인 빨강과 녹색을 섞으면 무채색인 검정색으로 변한다. 완전 반대되는 색들은 서로를 살리지 못하고 죽인다. 서로를 받아들이지 못하고, 그 안에서 자신의 색도 잃어버린다. 그럼 이 보색들은 전혀 어울리지 못할까? 그렇지 않다. 굳이 섞으려 애쓰지 않고 둘 사이에 거리를 두고 바라보면 각각의 색들이 그 자체로 개성 있게 빛나고 그렇게 독립성을 유지하면서 전체 색들과 조화를 이룬다.

사람도 이와 같다. 너무 색깔이 맞지 않는 사람과는 굳이 맞추려 애쓰지 말고 각자의 길을 가는 것이 좋다. 각자의 길을 가면서 상대를 인정할 수도 있고 응원할 수도 있다. 나와 다르면 어떤가? 모든 생명이 동일한 빛깔과 동일한 소리를 드러낸다면 얼마나 지루하고 권태로울 것인가? 생명이 아름다운 건 그 독특함과 다채로움 때문이다. 그 독특함과 다채로움을 인정하고 사랑할 수 있는 마음을 가르치자.

친구를 사귀기 위한 올바른 감정 표현법

아이들이 성장해 가면서 필연적으로 경험하는 친구들과의 소소한 갈등들이 있다. 아직 자기중심적일 수밖에 없는 아이들은 이러한 과정들을 통해 타인에 대한 이해를 높여 나간다. 유치원이나 학교에서 이제 막 단체 생활을 시작한 아이들에겐 넓어진 활동 영역만큼 갈등과 분쟁의 소지도 많아진다. 이럴 때 부모는 어디까지 관여하는 게 좋을지 마음의 기준을 어느 정도 정해 놓는 것이 좋다. 기준을 정하지 않은 상태에서 상황을 맞닥뜨리면 필요 이상으로 과하거나 부족하게 대응하게 된다. 그 과정에서 내 아이도, 남의 아이도 마음을 다칠 수가 있다. 때론 양쪽 부모의 마음까지 다치기도 한다.

물론 여러 가지 경우의 수가 있기 때문에 하나의 세부 기준을 정해 놓기는 어렵다. '아이의 영역과 부모의 영역을 구분하되, 아이의 감정을 존중하여 도와주기', '내 아이의 감정과 상대 아이의 감정을 최대한 존중하며 함께 대화해 보기', '아이들의 마음이 다치지 않게 세심하게 살펴보며 해결하기', '아이가 자신의 감정을 언어로 표현할 수 있게 도와주기'…. 이런 정도의 기준이면 좋지 않을까?

아이가 친구와의 사이에서 잘못한 것이 없다고 생각하는데 엄마가 잘못했다고 함부로 끼어들거나 사과하는 건 좋은 방법이 아니다. 먼저 아이의 생각과 감정을 존중하고 해결할 수 있는 여러 가지 대안이나 선택지를 제안해 보는 것이 더 바람직하다. 아이들도 나름 옳고 그름에 대한 견해를 가지고 있고 나름의 판단 기준이 있기 때문이다. 또 그 판단 기준은 시대에 따라 문화에 따라 변하기도 한다. 부모 세대 때의 기준을 요즘 세대의 아이들에게 그대로 적용시키기 어려운 이유다.

가장 중요한 것은 아이가 자신의 감정을 올바르게 표현할 수 있도록 도와주는 것이다. 올바른 감정 표현이란 상대의 감정을 배려하면서 나의 감정도 제대로 전달하는 것이다. 감정을 전달할 때 유의해야 할 첫 번째 태도는 상대를 비난하는 태도를 취하지 않는 것이다. '너 때문이야', '네가 다 책임져', '네가 그랬잖아' 이런 말들은 좋은 관계를 형성하는 데 도움이 되지 않는다. 두 번째는 거친 말과 욕설을 삼가는 것이다. 이런 말들은 상대의 감정을 더 상하게 하여 거친 대응을 이끌어 낸다. 셋째, 사실을 기반으로 하여 나의 감정 상태를 바르고 정확한 언어로 표현하는 것이다.

예를 들어 보자. 친구와 함께 놀다가 친구가 실수로 내가 아끼던 물건을 망가뜨렸다. 이럴 때 "야. 네가 망가뜨렸잖아. 에이 씨. 어쩔 거야? 응?" 이런 표현은 서로에게 상처를 남긴다. "내 물건이 망가졌어.(사실) 내가 무척 아끼던 물건이 망가져서 난 지금 기분이 안 좋아. 너무 속상해. 울고 싶은 기분이야.(감정)" 이렇게 표현할 수 있으면 좋다.

반대로 내가 친구의 물건을 망가뜨린 입장일 때, 모른 척 시침을 떼거나 "뭐야? 무슨 물건이 이렇게 쉽게 망가져? 이거 불량품 아냐?" 이런 태도는 옳지 않다. "망가졌네. 일부러 그런 건 아닌데, 미안해. 네가 아끼는 물건인데 어쩌지?" 이런 대화로 상황을 해결해 나가야 한다. 때론 자신이 책임지기 힘든 상황이 있을 수 있다. 하지만 책임을 지고자 하는 바른 태도를 통해 해결 능력을 키워 나가게 될 것이다. 또한 이러한 과정들을 통해 아이는 자신의 세계에서 관계망을 확장시켜 나갈 것이다.

배우기
가장 기본이 되는 삶의 기술

생명에 대한 존중심

요즘 아이들은 아주 어릴 때부터 다양한 종류의 배움에 노출된다. 배움은 크게 두 종류로 나뉜다. 하나는 인간이 더불어 살아가는 데 필요한 인간됨에 대한 배움이다. 다른 하나는 국어, 수학, 영어처럼 기능적이며 학습적인 배움이다. 물론 둘 다 중요하다. 하지만 먼저 인간됨이 바탕이 되어야 한다. 인간됨이란 어찌 보면 우리가 건물을 지을 때 먼저 토대를 고르고 단단하게 하는 작업과 같다. 토대가 고르고 단단하지 못하면 건물을 세워 올릴 수 없다. 설령 가까스로 건물을 세웠다 하더라도 작은 충격에도 무너지기 쉽다.

사람도 이와 같다. 인간됨의 바탕이 단단하게 갖춰지지 않은 상태에서 기능적이고 학습적인 지식을 쌓아 올리면 그 지식이 올바르게 사용되기 힘들다. 아이 역시 제 역량을 발휘하기 힘들다. 유아기부터 초등 저학년 때까지는 무엇보다 인간됨을 가르치고 배우는 데 신경 쓴다. 인간됨을 가르치는 데 가장 중요한 것은 생명에 대한 존중이다. 요즘 매스컴에 나오는 여러 가지 사건 사고를 접하다 보면 생명에 대한 기본적인 존중이 결핍되어 일어나는 일이 많다.

더구나 요즘 청소년 세대는 인터넷의 발달로 인해 여러 가지 폭력성 게임과 정보에 노출되어 있다. 때로는 게임과 현실을 구분하지 못하고 혼동하는 아이들도 있다. 연령이 낮을수록 가상현실과 실제 현실을 동일시할 가능성도 많다. 그러므로 아이들이 건전한 자아상과 사회상을 확립해 갈 수 있도록 인간을 비롯한 모든 생명 있는 존재에 대한 존중심을 먼저 가르쳐야 한다.

20년쯤 전이니 오래된 일이다. 이웃 아파트의 중고생들이 모여서 고양이를 세탁기에 넣고 돌려서 죽였다는 이야기를 들었다.

단순히 호기심과 재미를 위한 놀이였다. 이야기를 들은 주민들은 상상만으로도 충격에 휩싸였다. 그 후 많은 세월이 흘렀고 비슷한 종류의 사건 사고들은 점점 더 늘어나고 있다. 재미로 옥상에서 사람이나 동물을 향해 벽돌을 던지기도 하고, 친구들에게 가혹한 폭력을 행사하기도 한다. 아이들의 호기심과 무모함이라고 하기엔 수위가 너무 높고 피해도 돌이킬 수 없을 만큼 심각하다.

왜 이런 사회적 현상이 일어나는 걸까? 남보다 더 앞선 아이로 키우겠다는 욕심과 경쟁심으로 학습에만 치우친 교육의 잘못이 크다. 학습에 치우친 교육은 아이들 사이에 순위를 매기게 하고 이 과정에서 생명에 대한 존중심은 소홀하게 취급된다. 일단 누군가를 이겨야 내가 일등이 되는 현실 속에서 자란 아이들은 과도한 스트레스에 내몰린다. 과도한 경쟁에서 오는 스트레스는 사실 아이들에게 폭력과 같다. 그 정신적 폭력이 아이들 내부에 억눌려 쌓이면 언젠가는 바깥으로 넘쳐흐르는 것이 자연의 이치다. 결국 다른 생명에 대한 경시로 나타나는 아이들의 이러한 폭력성은 아이들이 알게 모르게 받은 정신적 폭력의 연장선이다. 아이들 내부에 너무 많이 억압된 폭력성과 불만은 임계점을 넘으면 바깥으로 표출될 수밖에 없다.

아이들에게 가장 우선하여 가르칠 것은 모든 생명에 대한 존중심이다. 먼저 나 자신의 생명에 대한 존중심을 가르쳐야 한다. 또 가족과 친구와 이웃 그리고 함께 공존하는 식물과 동물에 대한 존중심도 함께 가르쳐야 한다. 그래야 내 아이와 내 가족, 내 이웃 모두가 안전한 사회에서 살아갈 수 있다.

공공 예절을 가르치는 것은 아이를 위한 일

얼마 전에 가족들과 함께 식당에 간 적이 있다. 비교적 조용하고 고급스러운 식당이었다. 손님이 많은 시간대여서 빈 좌석이 많지 않았다. 홀에 있는 식탁에 앉다 보니 다른 가족과 등을 맞대고 앉게 되었다. 그 가족은 젊은 부부와 두 돌가량의 남자 아이, 그리고 할머니 이렇게 네 명으로 구성된 가족이었다. 그런데 자리에 앉자마자 아이에게 식탁에 세팅되어 있던 스텐으로 된 물 컵과 숟가락 하나를 쥐어 준다. 아이는 숟가락으로 물 컵을 두드리는 놀이에 신이 나서 울지 않고 잘 앉아 있다. 물론 어른들의 식사 시간 동안 아이가 혼자 잘 앉아 있게 하려는 의도였겠지만 주변 사람들에게 피해를 주었다. 등을 맞대고 앉은 우리 가족에겐 숟가락으로 물 컵을 두드리는 쨍그랑 소리가 계속 시끄럽게 들려 조용히 식사를 할 수가 없었다. 20분이 넘도록 계속되다 종업원의 요청이 있은 후에야 부모가 아이에게서 물 컵을 거두었다.

공공 예절은 어려서부터 가르쳐야 한다. 부모의 눈에는 아이의 모든 행동이 마냥 사랑스럽게 보여도 공공장소에서 다른 사람들에게 피해가 가는 행동을 계속하도록 묵인하는 것은 좋지 않다. 아이들은 무의식중에 부모의 태도를 보고 해도 될 행동과 해선 안 될 행동을 구분하여 익혀 나간다. 내 아이가 다른 사람들에게 환영받고 사랑받는 아이로 자라길 원한다면 더더욱 제대로 가르쳐야 하지 않겠는가. 한 돌만 지나도 아이는 부모의 눈빛이나 표정, 목소리 변화에 따라 금지된 행동을 느낀다. 하지만 아이이기 때문에 장시간 얌전히 앉아 있는 것은 무리가 있다. 이럴 땐 아이가 놀 공간이 있는 장소를 택하거나 아이의 장난감을 미리 챙겨 가는 센스를 발휘해 보자. 아이들이 좀 자라면 간단하게 그림을 그릴 수 있는 도구나 동화책을 챙겨 가는 것도 좋다. 공공 예절은 되도록 어려서부터 익히도록 하는 것이 타인을 위해서도 아이 자신을 위해서도 바람직하다.

적절한 인사는 좋은 관계의 첫걸음

교육 현장에서 많은 학생들을 만나다 보면 유난히 인사를 잘하는 아이들이 있다. 어떤 아이는 활기찬 목소리로, 어떤 아이는 고운 목소리로, 또 어떤 아이는 차분한 목소리로 인사를 건넨다. 공통점은 밝은 표정과 적당하고 바른 허리 굽힘이다. 지나치게 과하지도 부족하지도 않은 예쁜 자세다. 왠지 한 번 더 돌아보게 된다. 살고 있는 아파트에서도 승강기를 타면 마주칠 때마다 예쁘게 인사를 하는 아이가 있다. 볼 때마다 사랑스러운 느낌이 든다. 반면에 종종 마주치는 이웃집 자녀들인데도 가벼운 목례조차 없이 고개를 돌려 외면하는 아이들이 있다. 이럴 때면 내 아이들을 돌아보게 된다. 혹시 내 아이들도 저런 태도를 보이는 게 아닐까 하는 마음에 살짝 걱정스럽다.

예전에는 아이들을 키울 때 '어른들께 인사 잘해라.'가 기본이었다. 그런데 가르칠 것도 많고, 사는 것도 바쁜 요즘은 자칫하면 인사를 챙기는 일에 소홀해지기 쉽다. 어느 날 문득 생각이 나서 아이들을 체크해 보지만, 이미 훌쩍 커 버린 아이들이니 과연 잘하고 있는지 확인하기 어렵다. 인사와 같은 이런 기본 생활 습관일수록 어릴 때부터 챙기는 것이 좋다. 인간은 습관의 동물이기 때문이다. 익숙해지지 않은 생활 습관을 사춘기쯤 되어 새로 가르치려 들면 부모나 아이 모두 힘들어진다.

바른 인사는 상대방을 기분 좋게 하고 자신을 가다듬는 가장 효과적인 태도다. 누군가는 '진심을 담은 바른 예의는 인간관계의 예술이다.'라고 했다. 예의의 첫걸음은 인사에서 시작되고, 인간관계의 첫걸음도 인사에서 시작된다. 그만큼 상황에 적절한 인사는 좋은 관계를 형성해 가는 윤활유 역할을 한다.

만났을 때 하는 짧은 인사 '안녕하세요?' 외에도 감사한 마음을 전하는 '고맙습니다', 미안한 마음을 전하는 '미안합니다' 등 여러 종류의 인사가 있다. 특히 미안한 일을 했을 때 변명하거나 머뭇거리지 않고 진심으로 '미안해'라고 말할 수 있는 태도는 무척 중요하다. 통계에 따르면 우리나라 사람들이 특히 힘들어하는 표현이 '미안합니다'라는 사과의 말이라고 한다. 그만큼 사과에 인색하다는 방증이다. 반면 그렇기 때문에 누군가 진심으로 사과를 할 때 우리는 그만큼 더 감동한다. 어릴 때부터 진심을 담은 인사말을 할 줄 아는 아이는 더 사랑스러운 아이로 성장할 것이다.

5

지키기
스스로 몸과 마음을 지키는 아이

내 몸 지키기

막내 아이가 중학교에 입학하고 서너 달이 지난 즈음이었다. 시각장애 아이니 혼자서는 등하교가 어렵다. 그날도 하교 시간에 맞추어 학교 주차장에서 기다리고 있었다. 갑자기 핸드폰 벨이 울렸다. 모르는 번호였다. "경찰입니다. ○○○ 학생 어머니 맞으신가요?"라는 낯선 목소리가 들렸다. 갑자기 무슨 일인지 가슴이 철렁 내려앉는다. 아무것도 볼 수 없는 장애 아이를 유치원에 보내고 학교에 보내면서 예상치 않은 전화가 오면 가슴부터 내려앉는다. '혹여 계단에서 굴러 떨어지기라도 했을까?', '친구가 여닫는 문에 심하게 부딪친 건 아닐까?', '크게 다치지는 않았을까?' 하는 생각이 순식간에 떠오르기 때문이다. 담임선생님으로부터 연락이 와도 혹시나 하는 마음에 심장이 두근거리는데 하물며 경찰이라니…. 가까스로 마음을 다잡고 대답했다.

"네, 맞는데요."

"지금 어디에 계신가요? 신고가 들어와서 제가 지금 학교에 와 있는데 2층으로 올라오실 수 있으신가요?"

"무슨 일이신데요? 사고가 났나요?"

"그건 아닌데…. 일단 뵙고 말씀 드려야 할 것 같습니다."

놀란 가슴을 애써 누르며 2층으로 올라갔다. 작은 교실에 경찰관과 교감 선생님, 학생 인권 부장 선생님, 담임선생님 등 몇 분의 선생님들이 심각한 표정으로 모여 있었다. 아이는 보이지 않았다. 걱정스럽고 의아한 눈빛을 담아 경찰관과 선생님들을 번갈아 바라보았다. 경찰관이 질문을 했다.

"어머니, 어젯밤 12시쯤에 ○○○ 학생이 경찰서에 신고 문자를 보냈는데 알고 계신가요?"

"네? 아뇨. 전혀 모르는 일인데 무슨 일인가요?"

"반 친구 한 명이 계속 괴롭히는데 선생님이랑 부모님께 여러 번 말씀드려도 해결이 안 된다고 학생이 직접 경찰에 도움을 요청했습니다. 학생이 반 친구에게 괴롭힘 당하고 있는 것을 모르고 계셨나요? 알면서도 해결을 안 하신 건가요? 학생은 부모님이랑 담임선생님께 여러 번 요청을 했다고 하는데요."

"아…. 아이에게 이야기는 들었어요. 그런데 부모가 너무 민감하게 반응하는 것도 도움이 안 될 듯싶어 좀 지켜보며 기다리는 중이었어요."

"아니, 아이가 얼마나 힘들었으면 밤 12시가 넘어 잠도 안 자고 경찰서에 직접 신고를 했겠어요? 그리고 학교 선생님들은 이 상황이 될 때까지 뭐 하고 계셨어요? 이게 얼마나 심각한 문제인지 모르세요? 학교 폭력에 장애인 차별과 인권 침해까지…. 어떻게 해결하실 거예요?"

담임선생님은 난감하여 얼굴에 수심이 가득하고 인권 부장 선생님이랑 교감 선생님까지 당황하고 걱정스런 표정이 역력하다. 학교 입장에서는 큰 문제로 확대될까 더 걱정되고 조심스러운 상황이다. 나는 오히려 안도의 숨이 나온다. 일단 아이가 계단에서 구르거나 어딘가에 부딪쳐서 다치지 않았으니 그저 안심이 될 뿐이다. 행여 아이가 크게 다쳤을까 봐 놀란 가슴을 쓸어내렸다. 학교 폭력에서는 피해 아이의 부모가 어떻게 행동하느냐에 따라 문제가 확대될 수도, 축소될 수도 있다.

난 그저 이 사건에서 내 아이의 마음도 상대 아이의 마음도 다치지 않길 원했다. 그러려면 먼저 상대 아이의 생각과 의도를 알아야 했다. 요맘때의 아이들이란 대개 친구를 괴롭히려는 악의적인 의도보다는 장난일 경우가 많다. 단, 장난이란 서로가 유쾌하고 재미있어야 하는데 어느 한쪽만 일방적으로 재미있고, 다른 한쪽은 힘들고 괴롭다면 장난이라고 할 수 없다. 그건 폭력이고 괴롭힘이다. 그런데 여기에서 문제는 가해 학생이 스스로의 잘못을 확실하게 인지하지 못하고 있기 때문이다. 본인은 사소한 장난이기에 상대 학생이 얼마나 힘든지를 잘 모르는 것이다.

이럴 때 어른인 부모와 교사가 우선적으로 할 일은 처벌보다는 가르침이다. 자신의 사소한 장난 하나가 당하는 입장에서는 괴롭힘이고 폭력일 수 있음을 진지하게 느낄 수 있도록 제대로 설명하고 가르쳐야 한다. 여기에서 가르침과 이해가 제대로 이루어지면 더 이상 같은 일이 되풀이되지 않는다. 그리고 이러한 경험은 해당 학생뿐만이 아니라 같은 반 친구들에게도 오히려 긍정적이고 교훈적인 영향을 미칠 수도 있다. 그러니 이때 피해 아이의 부모가 어떻게 대응하는지는 내 아이와 상대 아이 모두를 위해서 중요한 일이다.

우선 신고를 한 내 아이를 불러 아이의 생각과 의견을 들어보기로 했다. 하나의 사건에 대해 아이와 부모가 생각하는 상처의 깊이와 무게가 비슷한지 먼저 살펴보아야 한다. 사실 부모 역시 어떻게 보면 이 사건에서 제3자라고 할 수 있다. 사건에 대한 부모의 의견보다 아이의 느낌과 의견이 더 중요하다는 뜻이다. 어른인 부모와 교사의 입장에서는 가볍게 느껴지는 문제일지라도 아이가 엄청난 상처와 무게를 느끼고 있다면 다시 생각해 보아야 한다. 반대로 아이는 아주 가볍게 생각하고 있는데 부모가 과도하게 인식하여 필요 이상으로 일을 확대시킬 때도 있으므로 주의를 기울여야 한다.

가장 우선적으로 살펴야 할 것은 당사자의 마음이다. 감정에 얼마큼의 영향을 끼쳤는지, 얼마나 마음을 다쳤는지, 어떻게 하면 그 마음을 회복시킬 수 있을지 꼼꼼히 살펴본다. 아이의 입장에서 감정과 생각을 존중하며 해결해 나간다. 가끔 아이의 감정과 입장은 전혀 고려하지 않고 부모의 감정과 생각대로 일을 처리하는 경우가 있다. 이럴 때 경우에 따라서는 부모의 개입이 해결책이 되기보다 오히려 더 큰 상처와 문제가 되기도 한다.

어리다고 하여 아이들이 감정과 생각이 없는 것이 아니다. 단지 자신의 감정과 생각을 명확히 구분하고 설명할 만큼의 의사 표현이나 언어 표현이 부족할 뿐이다. 이럴 경우 아이들의 생각이나 감정을 체크하기 위해서 질문을 사용해 보는 것도 좋은 방법이다. 주관식으로 물으면 막연하고 정리되지 않은 생각 때문에 자신의 감정이나 생각을 제대로 표현하지 못하는 아이들도 많다. 아이의 생각과 느낌을 짐작하여 엄마가 정리하여 객관식으로 물어보면 아이도 자신의 의사를 비교적 잘 표현한다. 그리고 이런 과정을 통해 아이는 자신의 감정과 사고를 체계적으로 정리하는 능력을 키울 수도 있다.

아이는 그저 친구에게 다음부터 그러지 않았으면 좋겠다고 단호하게 주의를 주는 정도로 이 일이 해결되기를 원했다. 아이의 바람대로 담임선생님은 상대 아이에게 주의를 주기로 약속했고, 남은 학기를 아이는 반 친구들과 더 돈독한 관계를 유지하며 즐겁게 지낼 수 있었다. 내 아이도 상대 아이도 다치지 않고 원만하게 해결되었으니 감사한 일이다.

스스로를 지킬 줄 아는 아이로 자라는 것은 중요한 일이다. 특히나 아이들에게는 자신의 몸을 지키고자 하는 마음과 실천이 반드시 필요하다. 타인에 의해 부당한 괴롭힘을 받을 때 스스로를 지킬 수 있는 방법을 알고 있어야 한다. 또한 혼자 힘으로 해결하기 어려울 땐 적합한 사람에게 도움을 요청할 수 있는 용기도 함께 지닐 수 있도록 가르친다.

내 마음 지키기

어려서 아장아장 걸음마를 배우고 좀 더 커서 친구들과 어울려 놀 때 부모로부터 가장 빈번하게 듣는 말이 '다치지 않게 조심해'다. '차 조심해라', '길 조심해라', '넘어지지 않게 조심해라' 이 모든 말 속에 함축된 의미는 몸 다치지 않게 조심하라는 뜻이다. 그만큼 몸을 다치는 건 우려되고 걱정되고 피하고 싶은 일이다. 그래서 부모는 아이가 어릴 때부터 몸을 다치지 않고 소중하게 다룰 수 있도록 보호하고 가르친다.

사람들은 어릴 때부터
몸은 소중하게 챙기면서도
마음은 간과해 버린다.
아이들에게 '마음 다치지 않게 조심해'라는 말은
하지 않는다.

몸은 그렇게 챙기면서도 마음은 간과한다. 몸을 다치지 않게 신경 쓰는 것만큼이나 마음을 다치지 않게 어릴 때부터 신경 써야 한다. 아니 어쩌면 몸보다 마음이 더 중요할 수도 있다. 그런데도 우리는 아이들에게 '마음 다치지 않게 조심해'라는 말은 하지 않는다. 마음은 눈에 보이지 않는 무형이기 때문에 그 중요성을 놓쳐 버리기 쉽다. 하지만 보이지 않기 때문에 더 섬세하게 다루어야 하는 것이기도 하다. 몸의 상처는 대부분 시간이 지나면 아물고 치유된다. 간혹 흉터가 남더라도 통증은 사라진다. 또 요즘은 의술이 발달하여 웬만한 흉터는 감쪽같이 없앨 수도 있다. 이에 비해 마음의 상처는 더 오래가고 후유증을 남긴다. 또 그 후유증은 아주 오랫동안 삶의 구석구석에 묻어나 원만한 관계를 방해하고 행복을 파괴한다.

예전에 우리 어른들은 친구들과 놀러 나가는 아이를 향해 흔히 이런 말을 했다. "친구랑 싸우지 말고 사이좋게 잘 놀아라." 이 말 속에는 몸도 마음도 다투지 말고 사이좋게 잘 지내라는 뜻이 포함되어 있다. 물론 요즘도 대다수 부모들은 이런 말을 한다. 그러나 어느 때부터인가 여기에 더하여 이런 말을 하는 경우가 많아졌다. "친구한테 맞고 오지 마라.", "친구 때리지 마라.", "친구를 먼저 때리면 안 되지만 맞고 오지도 마라." 가만히 들어 보면 역시나 몸에 관한 이야기다. 몸의 소중함과 마찬가지로 마음의 소중함에 대해서도 어릴 때부터 가르쳐 주는 것이 좋다. '너도 마음 다치지 말고 친구 마음도 다치지 않게 놀아야 한다.'는 것을 가르쳐야 한다. '몸을 때리면 안 되듯이 친구의 마음을 때리면 안 된다.'는 것을 가르쳐야 하고 우리 모두가 하나로 연결되어 있음을 가르쳐야 한다.

또한 일상에서 일어나는 소소한 일에 마음 다치지 않도록 마음 근력이 강한 아이로 키운다. 마음 근력이 강한 아이는 사소한 일에 쉽게 상처받지 않는다. 우리 아이들이 선량한 시민으로 자라되 자신의 몸과 마음을 지킬 줄 아는 단단한 아이로 자랄 수 있다면 더 행복한 삶을 살 수 있을 것이다. 어려서부터 나와 상대의 몸과 마음이 다 같이 중요하다는 것을 아는 아이는 더 조화롭고 현명한 어른으로 성장할 것이다.